电子信息类新工科系列教材

光电工程实训基础

主　编　连　洁　王玉荣

副主编　刘兆军　李永富　范书振　杨忠明

山东大学出版社
SHANDONG UNIVERSITY PRESS
·济南·

图书在版编目(CIP)数据

光电工程实训基础 / 连洁,王玉荣主编.—济南:
山东大学出版社,2024.5
ISBN 978-7-5607-7992-8

Ⅰ.①光… Ⅱ.①连…②王… Ⅲ.①光电技术
Ⅳ.①TN2

中国国家版本馆 CIP 数据核字(2024)第 103809 号

责任编辑 曲文蕾
封面设计 王秋忆

光电工程实训基础

GUANGDIAN GONGCHENG SHIXUN JICHU

出版发行	山东大学出版社
社　　址	山东省济南市山大南路 20 号
邮政编码	250100
发行热线	(0531)88363008
经　　销	新华书店
印　　刷	山东蓝海文化科技有限公司
规　　格	787 毫米×1092 毫米　1/16
	10.25 印张　242 千字
版　　次	2024 年 5 月第 1 版
印　　次	2024 年 5 月第 1 次印刷
定　　价	32.00 元

总　序

　　为主动应对新一轮科技革命与产业变革，支撑服务创新驱动发展以及"中国制造2025"等一系列国家战略，自2017年2月以来，教育部积极推进新工科建设，先后形成了"复旦共识""天大行动"和"北京指南"，并发布了《关于开展新工科研究与实践的通知》《关于推荐新工科研究与实践项目的通知》。当前，"新工科"已经成为高等教育领域关注的热点。"新工科"的目标之一是提高人才培养的质量，使工程人才更具创新能力。电子信息类专业应该以培养工程技术型人才为目的，结合信息与通信工程、电子科学与技术、光学工程三个主干学科，使学生掌握信号的获取与处理、通信设备、信息系统等方面的专业知识，经过电子信息类工程实践的基本训练，具备设计、开发、应用和操作的基本能力。

　　目前，许多高校都在倡导新工科建设，尝试对课程进行教学改革。对专业课程来说，譬如高频电子线路、低频模拟电路、电子线路课程设计等必须进行新工科课程改革，以突出知识和技能的培养。新工科教育教学改革要切实以学生为本，回归教育本质，踏实做好专业基础教育和专业技能教育，加强工程实践技能培养，切实提高人才培养质量，培养社会需要的人才。

　　要想提高教学质量，专业建设是龙头，课程建设是关键。新工科课程建设是一项长期的工作，它不是片面的课程内容的重构，必须以人才培养模式的创新为中心，以教师团队建设、教学方法改革、实践课程培育、实习实训项目开发等一系列条件为支撑。近年来，山东大学信息科学与工程学院以课程建设为着力点，以校企合作、产学研结合为突破口，实施了新工科课程改革战略，尤其在教材建设方面加大了力度。学院教学指导委员会决定从课程改革和教材建设相结合方面进行探索，组织富有经验的教师编写适应新时期课程教学需求的专业教材。该系列教材既注重专业技能的提高，又兼顾理论的提升，力求满足电子信息类专业学生的需求，为学生的就业和继续深造打下坚实的基础。

　　通过各编写人员和主审们的辛勤劳动，本系列教材将陆续面世。希望这套教材能服务专业需求，并进一步推动电子信息类专业的教学与课程改革。也希望业内专家和同仁对本套教材提出建设性和指导性意见，以便在后续教学和教材修订工作中持续改进。

　　本系列教材在编写过程中得到了行业专家的支持,山东大学出版社对教材的出版给予了大力支持和帮助,在此一并致谢。

山东大学信息科学与工程学院教学指导委员会

2020 年 8 月于青岛

前　言

　　光电工程产业是推动新型工业化的关键产业，培养掌握光电工程基础理论和技能的复合型人才是当今社会的迫切需要。而实训是培养学生动手与创新能力的重要手段，它在工科类专业人才培养中具有重要作用。但目前相关光电工程类实训教材的内容远落后于相关工程类专业的需求。

　　考虑到本书是光电信息科学与工程、电子科学与技术和通信工程等电子信息类工程专业一年级学生的专业基础实训教材，在后续的专业实践技能训练中还将学习更多与工程相关的专业训练内容。因此，本书以光电工程基础实验训练为主，结合光学及光电的基础知识，侧重技能训练和实际操作能力的培养。本书主要包含光学和光电基础知识，光学和光电技术基础实训、技能训练等内容，旨在训练学生操作基本仪器设备和工具的能力，培养学生的动手能力，使学生能够认知、初步设计简单的光电系统，了解光电工程学科内涵。

　　参与本书相关章节编写的老师有连洁、王玉荣、刘兆军、李永富、范书振、杨忠明，本书的策划和统稿由连洁和王玉荣完成。在编写本书过程中，博士后费宬、魏铭洋，研究生王月明、许镇等对插图的绘制和资料的收集、整理做了大量工作，在此表示感谢。本书在编写过程中参考了大量国内外光电专家的教材、著作以及其他相关资料，在此一并向这些作者表示诚挚的谢意。

　　本书可作为高等学校本科或专科学生学习或了解光电工程基础理论和基本技能的参考书。

　　因编者水平有限，书中难免存在不当之处，欢迎广大读者提出宝贵意见。

作　者

2023 年 9 月

目　录

绪 论

光电工程是由光学、光电子、微电子等结合而成的多学科综合知识与技术,用于解决相关技术领域科学研究和生产实践中的工程技术问题。光电工程主要研究光的产生和传播规律、光与物质的相互作用、光电子材料与器件、光电仪器与设备等内容,包括光信息的产生、传输、处理、存储及显示技术,光通信,光电检测,光能应用,光加工,新型光电子技术等多个方面。

0.1 光电工程简介

随着光学技术、激光技术和光电子技术的发展,光电工程在信息科学、能源科学、材料科学、空间科学、精密机械、计算机科学、微电子技术和生物医学等科学和工程技术领域中,发挥着越来越重要的作用,光电结合也愈发重要。一方面,传统的光学系统内涵在不断扩展,"光机电算一体化"已成为现代光电仪器的标志,传统的光学进入光电结合的时代。另一方面,在一些重要的领域,信息载体正在扩展到光波段,从而使现代光学产业的主体集中在光信息获取、传输、处理、记录、存储、显示和传感等领域。

光电信息产业是推动新型工业化的关键产业,是国家竞争力的一个主要标志,它的发展不仅会直接影响国民经济与社会信息化和现代服务业的发展,而且会影响国计民生和国防力量的加强,因此有必要在光电信息科学与工程、电子科学与技术、通信工程等电子信息类专业中开展光电工程基础类课程的教学,培养满足国家重大战略需求的复合型人才。

0.2 光电工程学科基础

光电工程学科基础由光学技术基础、光电技术基础等组成。光学技术基础主要包含应用光学基础和物理光学基础。应用光学和物理光学分别采用光的直线传播原理和波动理论,研究讨论光的本质及其传播规律和传播现象。应用光学侧重于研究光沿直线传播过程中的物像关系,以及其在光学仪器中的应用;物理光学则是以光的波动为基础,研究讨论光的本质现象、光波的传播规律及现象,如光的干涉、衍射、偏振等现象。光电技术基础的主要内容包含光电器件及其应用技术。光电器件是光信息感知和电信号处理的接口部分,是光学仪器向光电仪器转换的必备器件,也是各种光电探测系统检测自动化、光学信息处理的关键部件。常见光电系统都是由光学系统、光电器件、仪器电路、计算机等部分构成的。光电器件的应用,本质上就是一门将光学、精密机械和电子技术、计算机技术融合为一体来解决各种工程问题的课题。

0.3　光电工程实训基础的内容安排

实训是培养学生动手能力的重要手段,在各学科领域中都有极其重要的作用。实训实验教学是高等教学中的一个重要环节。作为工科专业的学生,在大学四年的学习中,不仅要掌握所学专业的基础理论和一定的专业知识,还必须具备一定的工程应用实践能力。学生在本课程中的工程训练重点是光电基础知识、技能的认知及应用训练,创新性实践训练留待专业课程中进行。

本书编者于 2015 年为光电信息科学与工程专业一年级学生设置了光电工程实训课程,主要围绕“报废投影仪的拆解与组装”设计了“光电器件与光电系统的认知实验”“基础理论知识的学习与验证实验”“相关光电实训小实验的设计与实验”等模块。随着光电信息产业的迅速发展,为满足国家对光电复合类人才的需求,编者在 2020 版新培养方案中为电子信息类专业(包括通信工程专业、光电信息科学与工程专业、电子科学与技术专业)一年级学生设置了光电工程实训课程。同时,编者也在原来课程的基础上,添加了光纤通信系统的认知及其基础实训和红外测温枪装调实践训练等内容。经过八年的授课实践,根据学科发展趋势、学生和授课教师的反馈意见,不断修改、优化课程内容,目前光电工程实训课程主要包括光学基础知识、光学技术实训基础、光学技术基础实验与训练、光电技术实训基础、光电技术基础实训、光电工程技能实训等内容。本书以课程内容为基础编写而成,各章内容如下:

(1)第 1 章是光学基础知识,包括光的基本性质与传播规律、光与颜色等内容。

(2)第 2 章是光学技术实训基础,主要介绍常用的光学元件。

(3)第 3 章是光学技术基础实验与训练,包含几何光学基础实验、物理光学基础实验两部分内容。前者主要讨论光电仪器设计过程中的基础知识——光学成像规律,在讨论透镜(lens)和常见光学系统的物像关系的基础上,完成透镜及其组合光学系统的成像规律实验,让学生掌握光具座的应用技术、测定成像位置和大小,并初步讨论组合光学系统的应用;后者主要讨论干涉、衍射和偏振等物理光学基本现象,并进行与之相关的基础能力训练。

(4)第 4 章是光电技术实训基础,主要内容包括在了解光电技术基本理论基础上,认识光电器件,认识光电检测系统中的光源及其选择原则,了解光电检测器件和热电检测器件的工作原理。

(5)第 5 章是光电技术基础实训,由光纤通信系统及其基础实训、红外测温系统及其基础实训两部分组成,主要内容包括电子元件的认识及测量、光调制的初步认识、光通信系统的基础实训、红外测温枪温度测量影响因素的探究及标定、红外测温枪装调实践训练等。

(6)第6章是光电工程技能实训,主要开展三片 HTPS LCD 透射式投影仪的拆解组装实训。本章是光电技术的综合应用,在认识光电显示系统、完成前面各章的学习实践的基础上,基于典型光电系统——投影仪,完成投影仪各模块的认识、拆解、组装实验,并进行相关模块小实验的设计与实施。

通过本门课程的学习,希望学生能够通过从光学系统、仪器结构、光电转换器件到典型电路组成光电系统这样一个完整的实验过程,逐步了解光电系统的构成,明晰各部分的作用,并初步掌握相关的测试方法,系统地了解光电工程的内涵,为今后更深入地理解有关理论课程以及它们之间的相互联系打下坚实的基础,减少或避免出现"学不知所用"的现象。

0.4 光电工程实训的基本要求

工程是将自然科学的理论应用到相关领域中而形成的各学科的总称。为了达到实验教学训练工程化的目的,本课程按照工程训练的类别分模块设置实验,强化学生的工程综合应用能力。在本课程的教学过程中,教师始终按照工程规范进行,包括实验准备、实验操作、数据获取与处理、实验报告撰写、实验考核等环节。本书所有章节中的实验表述、图表制作、物理量的单位以及专业用语均与国家规范相符。

0.4.1 实验报告要求

整个实验过程可分为准备阶段、实施阶段、总结阶段三个主要阶段。准备阶段需要在进入实验室之前完成。首先要搞清楚实验的目的是什么,其次考虑通过什么技术途径去完成实验目标,本次实验的难点、关键点是什么,并初步拟定实验步骤和数据记录表格。在实施阶段,认真听取指导老师的讲解,掌握实验仪器(或工具)的正确操作方法和实验要点,严格执行操作规程,完成实验设计、制作、调试、测试等内容,认真做好原始数据记录。需要特别注意校核实验数据这一环节,校核实验数据的主要目的是剔除无效数字,确保实验结果的准确性与可靠性。在实验室内发现数据量不够,不足以达到预期目标时,需要及时补测数据,避免因数据量不够引起实验结果不可靠这种现象出现。总结阶段的重点是进行实验数据分析与处理,并在此基础上完成实验报告撰写。

撰写实验报告的主要目的是反映一个实验的全过程,包括谁做了实验、为什么做这个实验、采用什么手段和方法完成了实验、实验过程中发现了什么问题、有什么收获、最终获取的实验结论是什么,这些都需要在实验报告中表述清楚。实验报告主要内容包括实验操作者信息、实验过程描述和实验结果三部分。

(1)实验操作者信息包括实验人姓名、系年级、组别、同组者等,如图 0.4.1 所示。

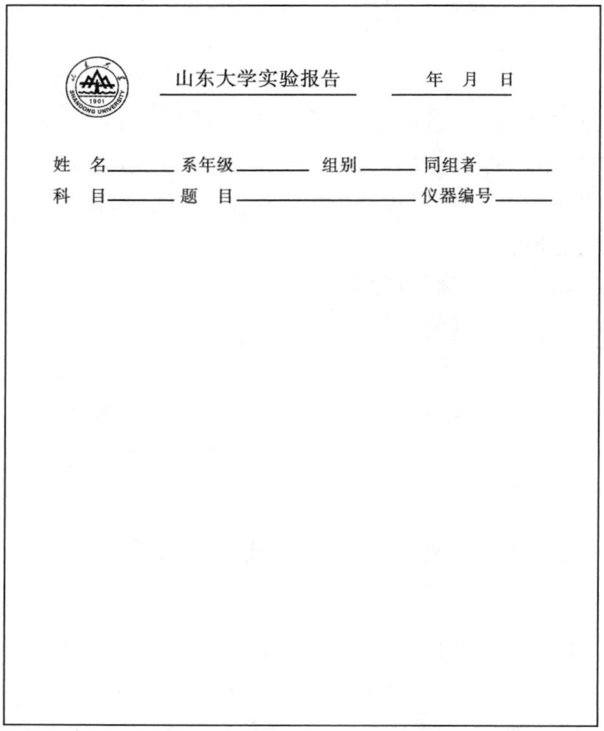
山东大学实验报告　　年　月　日

姓　名______ 系年级______ 组别______ 同组者______

科　目______ 题　目______________ 仪器编号______

图 0.4.1　标准实验报告纸

(2)实验过程描述应包含实验名称、实验目的、实验基本原理、实验装置与器材、实验步骤等。实验目的通常包括操作基本技能训练(例如掌握×××仪器的操作方法、学会×××工具的使用方法、学习×××系统的调节方法等)、理论验证(例如验证×××定律、观察×××的成像规律)、认知感知(例如认识×××光电传感器、了解×××的应用等)。实验基本原理可在实验教材的基础上,参考相关资料提炼完成,表述需准确、简明扼要,必要时绘制原理图加以说明。实验装置与器材是实验中使用的装置及器材。实验步骤需要如实描述,以便分析数据的准确度;实验步骤要简明扼要,不要照抄实验教材,要在实验教材的基础上提炼总结,必要时给出实验流程图,并配以相应的文字说明。

(3)实验结果包括实验报告中主要实验现象的描述、实验原始数据记录、数据处理结果与分析、实验结果分析与讨论、实验注意事项、实验建议以及思考题的回答等。

实验现象和实验数据的处理等通常采用文字描述(含计算、推导等过程)、图表等方式进行表述。无论是采用单一方式还是多种方式撰写实验报告,均需要注意语言表述的准确性、逻辑的合理性和格式的规范性。图题、表题要简明准确,图表必须有自明性,坐标、单位标注必须规范,采用“坐标名称/单位”模式进行标注。例如,横坐标为时间,单位是秒(s),正确的标注是“时间/s”。

实验结果分析与讨论是实验者根据相关的理论知识对所得实验结果进行的解释和分析。如果所得到的实验结果和预期的目标一致,那么它说明了什么问题?有什么意义?

这些是实验报告应该分析与讨论的。需要特别注意的是,当所得到的实验结果与预期的目标或理论有差异时,千万不能随意取舍甚至修改实验数据,应该分析导致异常的可能原因。很多实例说明,操作方法有误、仪器设备故障、数据处理不当等都有可能造成实验结果的差异。如果本次实验失败了,应分析失败的原因,必要时可重复进行实验,明确问题所在,积累经验,提出以后实验应注意的事项。在分析实验结果差异原因的过程中,学生可不断提高自己分析问题和解决问题的能力。此外,还可以写出实验过程中发现(存在)的问题及解决办法、对本次实验的建议等。如果有充足的时间和精力,鼓励大家尽可能地查阅一些资料,回答与本实验相关的思考题,拓展视野,培养独立思考问题的能力。

实验注意事项要阐明整个实验过程中应注意的事项。实验建议是针对整个实验过程中遇到的问题所提出的解决方案或建议。

撰写实验报告是一项重要的基本技能训练。通过对实验全部过程的总结,学生可掌握工程研发和科学研究实验报告的撰写方法,学习并熟练掌握绘图、制表方法;学会分析处理实验数据,掌握实验数据处理方法与途径;从实验现象和实验数据中归纳、总结实验结论,不断提高分析问题和解决问题的能力;与此同时,还可以培养学生独立思考、严谨求实的科学作风。在撰写实验报告的过程中,应注意内容真实、准确,文字简练、通顺,书写整洁,专业术语应用、标点符号、外文缩写、单位度量等应符合国家规范。

0.4.2　数据获取与处理方法规范性要求

数据获取与处理方法规范性要求主要有以下三点:明确有效数字和测量精度、正确处理实验数据、规范实验数据单位。

从一个数的左边第一个非零数字起,到末位数字止,所有的数字都是这个数的有效数字。在实际分析中,有效数字是指能够测量到的数字,包括最后一位估计的、不确定的数字。通过直读获得的准确数字叫作"可靠数字",通过估读得到的数字叫作"存疑数字"。通常,人们把测量结果中能够反映被测量事物大小的带有一位存疑数字的全部数字称为"有效数字"。也就是说,凡是能够从仪器上读出的数字(包括最后一位估读数字)都是有效数字。估读数字为零也必须写上,因为它代表仪器的精度,非零数字中间或后面的零都是有效的,单位的改变不影响有效数字位数的多少,如 6.380 mm 和 0.006380 m,它们的有效数字位数相同。有效数字的运算规则如下:

(1)加减运算:以小数点后位数最少的数为基准,运算得到的和(或差)数,其小数点后的位数应和它相同,多余尾数舍去。若舍去尾数的最高位大于5,则向高一位进1;若尾数的最高位小于5,则直接舍去;若尾数的最高位等于5,则按照"奇进偶舍"的规则进位。加减运算一般先运算再舍去,例如 $18.521+3.2203+2.28=24.02$。

(2)乘除运算:以有效数字最少的数据为基准,其他有效数字修约至相同,再进行乘除运算,计算结果仍保留最少的有效数字,例如计算 $0.0232\times26.75\times2.06821$,先修约为 $0.0232\times26.8\times2.07$ 再计算,结果为 1.2870432,结果仍保留三位有效数字,即 $0.0232\times26.8\times2.07\approx1.29$。

把待测量和作为计量单位的标准量进行比较,求得待测量值包含多少计量单位的实验过程,被称为"测量"。测量精度是指测量结果与真值的一致程度。任何测量过程不可避免出现测量误差,误差越大,说明测量结果离真值越远,精度越低;反之,误差越小,精度越高。因此,精度和误差是两个相对的概念。测量精度表示接近真实值的程度,即绝对误差或相对误差的大小。由于存在测量误差,任何测量结果都只能是要素真值的近似值。总之,测量结果有效值的准确性是由测量精度确定的。

在一定条件下,待测量数据具有一个实际值(称为"真值"),人们可以用多种不同的方法去寻找这个值。但所测值与真值相比,总会有一个大小不等的偏差,这种偏差被称作"误差"。误差分为绝对误差和相对误差。设某测量值 N 的真值为 N',误差为 $\varepsilon = |N' - N|$,它反映测量值偏离真值的大小,被称为"绝对误差",绝对误差 ε 和测量值 N 具有相同的单位。用绝对误差无法比较不同测量结果的可靠程度,于是人们用测量值的绝对误差与测量值之比来评价,并称它为"相对误差"。

在工程应用过程中,有效数字的获取是一个重要环节,其中两点必须给予充分关注:第一点,测量数据的有效数字的位数必须与测量的精度保持一致;第二点,数据处理过程中严格遵循有效数字运算规则。关于有效数字和测量精度的基本概念可参考误差理论与数据处理相关教材。

在本课程的学习和实验报告撰写过程中,测量数据的有效数字取决于测量仪器的最小分度值,忽略影响测量精度的其他因素(有特殊要求的实验除外)。在没有特殊说明的情况下,所获取的有效数字位数为"最小分度值+1"位。读数手轮上最小分度值为百分位,所获取的有效数字的千分位为估读数字。需要注意的是,在采集有效数字的过程中,不能以单次测量值作为测量结果,必须多次测量(通常不少于三次)同一点的数据,然后取其平均值作为最终的有效数字。在后续进行数据处理过程中,严格遵循有效数字运算规则。在数据运算过程中,若千分位是不可靠数字,则没有必要保留因为计算而引出的万分位数值。如有必要,需采用误差理论分析手段说明测量数据的不确定性。

实验数据的处理包括计算和作图处理两部分。计算时,从仪器上直接读取数据,运用有效数字的运算规则,求得被测量的平均值,并求出相对误差,得到最终的实验结果(一般包含数值和单位)。作图时,运用作图法处理实验数据,可以直观、清楚地看出各个数据之间的关系。实验中的作图与理论上的原理图不同,它必须严格、真实地反映各个数据之间的关系。因此,图的精度与数据的精度要一致,同时还要美观。目前计算机已经普及,学生可以利用 Excel 和 PowerPoint 中的作图功能来处理实验数据。

在撰写实验报告的过程中,实验结果一般包含数值和单位两部分,只有数值没有单位的结果是没有物理意义的,涉及的单位一般要用我国的法定计量单位(国际单位制)。长度单位为米(m),质量单位为千克(kg),时间单位为秒(s),电流单位为安培(A),温度单位为开尔文(K),发光强度单位为坎德拉(cd),物质量单位为摩尔(mol),平面角单位为弧度(rad),立体角单位为球面度(Sr)。另外,也可用国际单位制中具有专门名称的导出单位和一些国家选定的非国际单位制单位(详见附录中附表1和附表2)。在不便于使用基准单位时,可采用带词头单位,如毫米(mm)、微米(μm)、纳米(nm)等。

0.4.3　实验规则

为了保证实验正常进行,培养严肃、认真的工作作风和良好的实验习惯,实验室一般有特定实验规则。

（1）在实验选定时间内进行实验，不得无故缺席或迟到。若要更改实验时间，需提前一周告诉老师和学习委员。

（2）每次实验前应对要做的实验进行预习。

（3）做实验时，应携带必要的物品，如文具、计算器和草稿纸等。对于需要作图的实验，应准备毫米方格纸和铅笔。

（4）进入实验室后，根据仪器清单核对待使用仪器是否缺少或损坏。若发现有问题，应向老师或实验管理员提出。如果需要使用未列入清单的仪器，应向管理员借用，实验完毕后归还。

（5）实验前应阅读仪器使用说明，仔细观察仪器构造，操作时动作应谨慎、小心，严格遵守各种仪器仪表的操作规程及注意事项，尤其是与光学相关的电路实验，线路接好后应先由老师或实验室管理员检查，经许可后才可接通电源，以免发生意外。

（6）实验时，应注意保持实验室整洁、安静。实验完毕，应将仪器、桌椅恢复原状，放置整齐。

（7）实验过程中若有仪器损坏，应及时报告老师或实验室管理员，并填写损坏单，说明损坏原因，赔偿办法根据学校规定处理。

（8）对于请假缺课的学生，由指导教师登记，并通知学生在规定时间内补课。

第1章 光学基础知识

光是自然界中最普遍、最神奇的物质和能量，更是最重要的信息载体和处理工具。作为能量，阳光普照大地，不仅通过光照和热能孕育了万物，还以光伏、光热发电的方式给人类带来清洁能源；人造光不仅为人类提供日常照明，还被广泛应用于激光加工、紫外消毒等领域。作为信息载体和处理工具，日月星辰之光为我们呈现了绚丽多彩的自然万物和美景，人造光更是被广泛应用于光通信、光网络、光成像、光检测、光传感、光计算等领域。光和光学技术对人类的生存与生活、生产与科技发展具有极其重要的意义。

光学是研究光的科学，是物理学的重要组成部分，其研究内容包括光的本性、光的传输、光与物质相互作用、光的产生与探测以及对光的利用。对光的本性及性质的认知与探索，不仅推动了光学和物理学的进步，而且极大地促进了相关科学技术的发展。光学与电子、通信、材料、计算机、生物医学以及机械等学科的结合，大大拓展了光和光学的研究与应用。

1.1 光的本性

光是什么？它是如何产生的？光的构成和性质如何？这一系列问题一直困扰着人们。几千年来，人类一直在探究光的本性。关于光的本性的认知，从神的隐喻到科学认识，经历了漫长曲折的过程。古希腊哲学家曾经思考过光的直射、折射和反射等问题，我国的《墨经》中也有不少关于光现象的论述。而真正对光的本性进行科学探讨是从1600年左右开始的。自17世纪以来，人类对光的本性进行了不懈地探索，光的波动学说与微粒学说是当时比较流行的两种学说，它们之间除了激烈论战的一面外，还有相互吸收的一面。经过不断努力，到19世纪末20世纪初，人们认识到光具有波粒二象性。在这个过程中，克里斯蒂安·惠更斯（Christiaan Huygens，1629—1695）、艾萨克·牛顿（Isaac Newton，1643—1727）、托马斯·杨（Thomas Young，1773—1829）、奥古斯汀-让·菲涅耳（Augustin-Jean Fresnel，1788—1827）、詹姆斯·克拉克·麦克斯韦（James Clerk Maxwell，1831—1879）和阿尔伯特·爱因斯坦（Albert Einstein，1879—1955）等众多科学家对光的本性的研究有卓越贡献。光学从几何光学、波动光学、电磁光学发展到量子光学，极大地推动了物理学其他领域的发展。在整个物理学发展过程中，还没有任何一个课题,能像对光的本性的研究一样,影响巨大,意义深远,为物理学开拓出这样多的新境界。关于光的本性的认识过程及光学发展史,除了光学和物理学教科书中的介绍外,还有大量书籍和文献资料可参阅。

波粒二象性:光是具有波动性的粒子,也是具有粒子性的波,具有波粒二象性;光既非经典粒子——无静质量和确定轨道,也非经典波——能量并非在空间连续分布。

关于光的本性的探究还没有停止,随着科学技术的进一步发展,人们会有更深入的认识。

1.2　光的物理描述方法

在光学或物理学中描述光的时候经常用到诸如光线、光束、光波、光子(光量子)等术语或名词,这些术语或名词属于不同理论体系或物理描述范畴。

1.2.1　光线光学

光线光学是最早提出并且还在不断发展的用于描述光的理论体系。在光线光学的早期建立和发展过程中,光被看作是某种特殊的刚性微粒,类似于经典力学中的刚体或质点,人们把这种特殊微粒的运动轨迹或路径称为"光线"。由于在光线光学中光以光线形式传播,而光线传播遵从几何规律,因此光线光学也被称为"几何光学"。

1.2.1.1　光线与光束

在光线光学中,用光线来描述光在介质中的传播。光源发出光线,眼睛和探测器接收或感受光线。相互关联的无数光线的集合构成光束,光束可以分为平行光束、同心光束、非同心光束、弯曲光束和傍轴光束等,如图 1.2.1 所示。光线的方向用来表示光能量的传播方向,光线的疏密程度用来表示光能量的强弱。

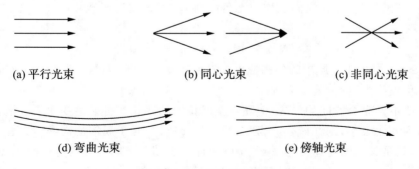

(a) 平行光束　　　　　　(b) 同心光束　　　　　　(c) 非同心光束

(d) 弯曲光束　　　　　　　　(e) 傍轴光束

图 1.2.1　常见的光束种类

1.2.1.2　介质折射率

光线光学用折射率 n 来表征光学介质的特性。规定真空(自由空间)中的折射率为 1,其他任何常规介质中的折射率都大于 1。若介质中的折射率与空间位置 r 无关,即折射率处处相等,则称该介质为"均匀介质"。若介质中的折射率与空间位置 r 有关,即折射率随着空间位置的变化而变化,则称该介质为"非均匀介质"或"变折射率介质"。

1.2.1.3　光速

光在真空中的传播速度最大,一般取真空中光速 $c=3\times10^8$ m/s。光在介质中的传播速度为 $v=c/n$,小于真空中的光速。

1.2.1.4　光在介质中的传播

光在介质中的实际传播路径(实际光线)遵循费马原理。由费马原理可以得到光在介质中传播的一般方程——光线方程。原则上,利用光线方程可以解决任何光线传播问题,包括光在均匀介质中的直线传播和在非均匀介质中的光线弯曲等。在非均匀介质中,光速不再是常量,光的传播路径会发生弯曲,即光线弯曲。在均匀介质中,折射率为常数,光速不变,光沿着直线传播,即光线为直线。绝对的均匀介质是不存在的,因此光线弯曲是普遍现象,直线传播是近似的理想情况或特殊情况。光由一种介质传播到另一种介质时,光线会在分界面发生反射和折射,遵循反射定律和折射定律。由费马原理可以得到光的反射定律和折射定律。

基于光线在介质中的传播及其在介质界面处的反射和折射,光线光学可以用于分析光学成像问题,或用于光学镜头或光学系统设计。

对于光在两种介质界面处的反射和折射,光线光学中的反射定律和折射定律只给出了光线传播的方向,不能够对光的振幅、强度、能量或功率、相位以及偏振态等物理性质的变化给出深入解释和全面讨论。光线光学也不能深入解释光的吸收、散射、色散等现象的物理本质。若要全面讨论光的反射、折射、吸收、散射以及色散等特性,需要采用光的电磁波理论——电磁光学。

1.2.2　波动光学

光是一种波动,以波动形式传播。

(1)光波用标量函数 $u(\bm{r},t)$ 来描述,其中 $\bm{r}$ 是空间位置坐标矢量,t 是时间,该函数被称为"光波波函数"。在各向同性均匀无色散介质中,光波波函数满足下面的二阶偏微分方程。

$$\nabla^2 u-(1/v^2)\partial^2 u/\partial t^2=0 \tag{1.2.1}$$

式中,$v=c/n$,为光在介质中的传播速度;$\nabla^2=\partial^2/\partial x^2+\partial^2/\partial y^2+\partial^2/\partial z^2$,为拉普拉斯算符。该方程被称为"标量波动方程"。

若介质不是完全空间均匀的,但随着空间位置的变化其折射率变化很缓慢,即在一个波长范围内变化很小,则称该介质为"局域均匀介质"。对于局域均匀介质,上述波动方程近似成立,只是其中的光速变为 $v=c/n(\bm{r})$,即光速随着空间位置的变化而缓慢变化。任何一个满足波动方程的解(函数)都表示一种可能的光波。由于波动方程是线性的,因此叠加原理成立,即:若 $u_1(\bm{r},t)$ 和 $u_2(\bm{r},t)$ 分别是波动方程的解,分别表示两列光波,则 $u_1(\bm{r},t)+u_2(\bm{r},t)$ 也是方程的解,也表示某种可能的光波。

(2)根据频率或波长组成,光波可分为单色光波和复色光波。单色光波在空间各点随时间做相同的简谐振动,其实波函数是时间 t 的简谐波函数,可表示为

$$u(\bm{r},t)=a(\bm{r})\cos[2\pi\nu t+\varphi(\bm{r})] \tag{1.2.2}$$

式中，$a(\boldsymbol{r})$ 为振幅；$\varphi(\boldsymbol{r})$ 为相位；ν 为时间频率，$\nu = \dfrac{\omega}{2\pi}$，其中 ω 为时间角频率；T 为时间周期，$T = 1/\nu = 2\pi/\omega$。

　　振幅和相位通常都是空间位置坐标的函数，$u(\boldsymbol{r}, t)$ 在空间某一固定点随时间的变化如图 1.2.2(a) 所示。为了描述方便，单色光波的波函数还可以表示为复函数形式，即复波函数。

$$U(\boldsymbol{r}, t) = a(\boldsymbol{r})\mathrm{e}^{\mathrm{j}\varphi(\boldsymbol{r})}\mathrm{e}^{\mathrm{j}2\pi\nu t} = U(\boldsymbol{r})\,\mathrm{e}^{\mathrm{j}2\pi\nu t} \tag{1.2.3}$$

其中

$$U(\boldsymbol{r}) = a(\boldsymbol{r})\mathrm{e}^{\mathrm{j}\varphi(\boldsymbol{r})} \tag{1.2.4}$$

　　复振幅是复波函数中与时间无关、仅随空间位置坐标变化的部分。实波函数是复波函数的实部，与复波函数和复振幅之间的关系为

$$u(\boldsymbol{r}, t) = \mathrm{Re}\{U(\boldsymbol{r}, t)\} = \mathrm{Re}\{U(\boldsymbol{r})\mathrm{e}^{\mathrm{j}2\pi\nu t}\} = \frac{1}{2}[U(\boldsymbol{r}, t) + U^{*}(\boldsymbol{r}, t)]$$

$$= \frac{1}{2}[U(\boldsymbol{r})\mathrm{e}^{\mathrm{j}2\pi\nu t} + U^{*}(\boldsymbol{r})\mathrm{e}^{-\mathrm{j}2\pi\nu t}] \tag{1.2.5}$$

式中，$\mathrm{Re}\{\cdot\}$ 表示取实部；$*$ 表示取复共轭。复振幅的模等于实波函数的振幅，即 $|U(\boldsymbol{r})| = a(\boldsymbol{r})$；复振幅的辐角等于实波函数的相位，即 $\arg\{U(\boldsymbol{r})\} = \varphi(\boldsymbol{r})$，如图 1.2.2(b) 所示，其中 $\mathrm{Im}\{\cdot\}$ 表示取虚部。复振幅 $U(\boldsymbol{r})$ 以角速度 $\omega = 2\pi\nu$ 旋转就是复波函数 $U(\boldsymbol{r}, t)$，如图 1.2.2(c) 所示。

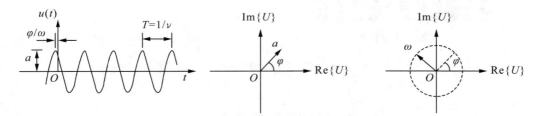

(a) 波函数$u(t)$随时间变化　　(b) 复振幅$U=a\mathrm{e}^{\mathrm{j}\omega}$的复空间表示　(c) 复波函数$U(t)=U\mathrm{e}^{\mathrm{j}2\pi\nu t}$的复空间表示

图 1.2.2　空间中某一固定点的单色光波的示意图

　　单色光波满足亥姆霍兹方程(Helmholtz equation)。复波函数 $U(\boldsymbol{r}, t)$ 和实波函数 $u(\boldsymbol{r}, t)$ 满足同样的波动方程和同样的边界条件。由于单色光波在空间各点随时间的变化频率相同，其复波函数可以表示为时间和空间可分离变量函数，即 $U(\boldsymbol{r}, t) = U(\boldsymbol{r})\mathrm{e}^{\mathrm{j}2\pi\nu t}$，将其代入波动方程，即可得到单色光波复振幅 $U(\boldsymbol{r})$ 满足的二阶偏微分方程。

$$\nabla^{2}U + k^{2}U = 0 \tag{1.2.6}$$

式中，k 为波数(wave number)，$k = \omega/v = 2\pi\nu/v = 2\pi/\lambda$，其中 ν 为时间频率，v 为介质中的光速，λ 为介质中光波波长。该方程称为"亥姆霍兹方程"。

　　显然，单色光波只是一种理想情况。尽管实际中并不存在绝对的单色光波，但理论上可以将复色光波看成是由许多不同频率或波长的单色光波组成的光波，也就是说复色光波可以理解为不同波长或频率的单色光波的加权叠加。因此，光学课程中讲述基本原理

时,多是从单色光波开始讲起。

（3）根据光波波面及其传播特性,单色光波可分为平面波、球面波、柱面波以及傍轴光波等基元光波。这些基元光波都是理想情况,实际中不存在或难以严格产生。由于其他任何复杂光波都可看作由基元光波组成或分解为基元光波的叠加,因此光学课程中在讲述基本原理时,多是从基元光波开始讲起。平面光波的波面(即等相位面,相位值相同的点构成的平面,相位差为 2π 的两个等相位面之间的距离为 λ)是与传播方向垂直的平面。波长为 λ、时间周期为 $1/\nu$ 的沿 z 轴正向传播的单色平面波如图 1.2.3 所示,其中图 1.2.3(a)表示 t_1 和 t_2 前后两个不同时刻的波面传播情况,传播距离相差一个波长的两个等相位面之间的相位差为 2π,因此 λ 又被称为"z 方向上的空间周期";图 1.2.3(b)表示空间固定位置处单色光波随时间的变化情况。球面波的波面是球面,单色球面波的波面截面分布图如图 1.2.4 所示。

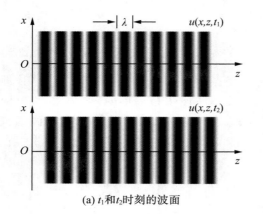
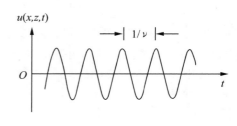

(a) t_1 和 t_2 时刻的波面　　　　　　(b) 空间固定位置处单色平面波随时间的变化

图 1.2.3　波长为 λ、时间周期为 $1/\nu$ 的沿 z 轴正向传播的单色平面波

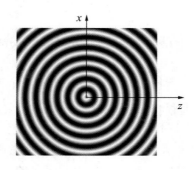

图 1.2.4　单色球面波波面截面分布

（4）光波的特性由其频率、波长、振幅、相位、光强、功率以及能量等物理参量来描述。这些物理参量及其传播特性与光波所在的空间介质有关。波动光学中有关上述概念或物理参量的定义及其关系可参考相关光学教科书。

（5）当光传播到两种介质的分界面上时,波函数会因界面两侧的折射率不同而发生改变,可以由此推导出光的反射定律和折射定律,其具体推导可参考相关光学教科书。需要注意的是,由经典波动光学推导出的反射定律和折射定律不能全面描述光在两种介质界面处的反射特性和折射特性。若要全面描述光在两种介质界面处的反射特性和折射特性,需要借助光的电磁波理论——电磁光学。

(6)波动光学能够在一定程度上得到光的干涉规律和衍射规律,较好地解释光的干涉、衍射及散射等现象。但对于光的干涉和衍射、光的偏振、光的吸收和色散以及两种介质分界处光的反射和折射等现象,波动光学不能给出全面解释。要想对上述现象进行全面描述,需要考虑光波场的矢量特性,并采用电磁光学加以解释。波动光学可以看作是电磁光学的标量波近似。

1.2.3　电磁光学

光是电磁波,是电磁波谱中的一部分。电磁场包括电场和磁场,二者都随着时间和空间的变化而变化,并且相互耦合;二者都具有方向性,需要用电场矢量和磁场矢量来描述。电场矢量和磁场矢量的时空变化及其相互之间耦合关系满足麦克斯韦方程组和介质方程。电磁光学从麦克斯韦方程组和介质方程出发,并考虑不同介质的电极化和磁极化特性,可以导出不同介质条件下光波所满足的波动方程,进而得到光波的传播情况及其与物质的相互作用情况,包括反射、折射、偏振、干涉、衍射、色散、吸收、散射等。电磁光学原则上可以解释绝大多数的光学现象,解决绝大多数光的传播和光与物质的相互作用的问题。电磁光学不仅能对光线光学和波动光学所能够解决的问题给出更加全面、深入的解释,而且能解释它们所不能解决的问题。

一般认为,电磁波谱中光学波段的频率范围为 $1\times10^{12}\sim3\times10^{16}$ Hz,相应的波长范围为 300 $\mu m\sim10$ nm,其中包含红外线(infrared,IR,波长为 $0.76\sim300$ μm)、可见光(visible,VIS,波长为 $390\sim760$ nm)和紫外线(ultraviolet,UV,波长为 $10\sim390$ nm)三个波段,如图 1.2.5 所示。红外波段包括近红外线(near infrared,NIR)、中红外线(mid infrared,MIR)和远红外线(far infrared,FIR),紫外线波段包括近紫外线(near ultraviolet,NUV)、中紫外线(mid ultraviolet,MUV)、远紫外线(far ultraviolet,FUV)和极紫外线(extreme ultraviolet,EUV 或 XUV)。EUV 波段的辐射又被称为"软 X 射线"(soft X-rays,SXR)。真空紫外线(vacuum ultraviolet,VUV)包括远紫外线和极紫外线。之所以把红外线、可见光和紫外线统称为光学波段,是由于在这几个波段所采用器件[如透镜和反射镜(mirrors)等]的形式和特点类似。

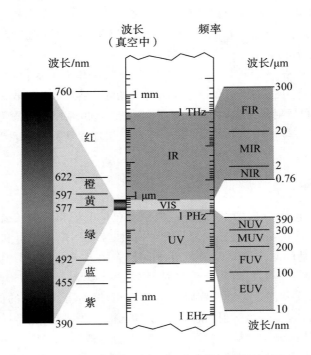

图 1.2.5　电磁波谱中光学波段的频率和波长

1.2.4　量子光学

对光的本性的认知探究是量子理论建立的最主要的推动因素。量子光学把光视为一个个分立的粒子——光子,光由光子组成,光子是传递电磁相互作用的基本粒子(电磁辐射的载体),是一种规范玻色子,具有速度、能量、动量、质量(相对论质量)。光子不可能静止,可以变成其他物质(如一对正负电子),但遵循能量守恒、动量守恒。在分析研究光发射、光探测以及某些在物质微观结构中起重要作用的光与物质的相互作用时,需要采用量子光学理论。

1.2.5　不同理论体系之间的关系

上述描述光的不同理论体系,既相互区别又相互联系。区别体现在各自处理问题的角度、深度、方式、精度及适用范围不同,其内在联系和一致性是本质,均可由量子理论统一描述。不同理论体系之间的关系如图 1.2.6 所示。

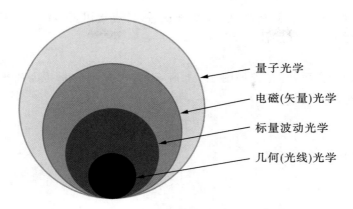

图 1.2.6　不同理论体系之间的关系

光线光学可以看作是波动光学中波长 $\lambda \to 0$ 时的极限情况。这里所说的波长 $\lambda \to 0$ 并不是光的波长真正趋于零,而是指与光在传播过程中所遇到的物体、障碍物及光学元器件的尺度相比,光的波长非常小,可以认为趋于零。也就是说,光线光学可以看作是波动光学衍射效应可以忽略时的极限情况。光线光学可以很好地描述光的反射、折射、直线传播或曲线传播及光学成像等现象,但不能描述光的干涉、衍射、偏振及其他现象。

波动光学可以看作是电磁光学的标量波近似。波动光学忽略了光作为电磁波的矢量特性,能够在一定程度上描述光的干涉和衍射规律,较好地解释光的干涉、衍射及散射等现象。但对于光的偏振、吸收和色散以及两种介质分界面处光的反射和折射等,波动光源不能够给出全面解释。要想对上述光的现象和规律进行全面描述,需要考虑光波场的矢量特性,并借助电磁光学加以解释。

量子光学采用量子理论来描述光的各种现象和规律,是目前为止描述光的最完备、最深入的理论体系。

1.3　光的基本性质与传播规律

1.3.1　光线传播的普遍规律——费马原理与光线方程

1.3.1.1　光程
对于均匀介质,光程 $[l]$ 为光在介质中走过的几何路程 l 与该介质折射率 n 的乘积,即

$$[l] = nl \tag{1.3.1}$$

光在介质中的速度 v 与折射率 n 的关系为 $v = c/n$,因此上式可以改写为

$$[l]/c = l/v \tag{1.3.2}$$

式(1.3.2)左端表示光在真空中走过光程 $[l]$ 所需的时间,右端表示光在介质中走过几何路程 l 所需的时间。可见,光程是将光在介质中走过的几何路程折算到相同时间内

光在真空中走过的路程。引入光程这个物理量后，可直接用真空中的光速 c 来计算光在不同介质中走过一定几何路程 l 所需时间 t，即

$$t = [l]/c = nl/c \tag{1.3.3}$$

对于分区均匀介质，其光程如图 1.3.1 所示，将上述均匀介质中的光程概念加以推广，光从 A 点到 B 点所历光程为

$$[l] = \sum_{i=1}^{k} n_i l_i \tag{1.3.4}$$

从 A 点到 B 点所需时间为

$$t = [l]/c = \frac{1}{c} \sum_{i=1}^{k} n_i l_i \tag{1.3.5}$$

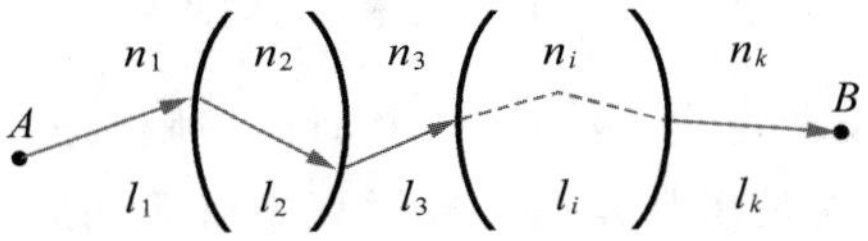

图 1.3.1 分区均匀介质中的光程

对于折射率连续变化的介质，折射率是关于空间向量 $\boldsymbol{r}$ 的函数，即 $n(\boldsymbol{r})$。图 1.3.2 中，光从 A 点到 B 点走过的几何路程为 l，此时光从 A 点到 B 点所历光程为

$$[l] = \int_{A}^{B} n(\boldsymbol{r}) \mathrm{d}l \tag{1.3.6}$$

光程 $[l]$ 为路径上任一点处的折射率 $n(\boldsymbol{r})$ 与该点处路径微元 $\mathrm{d}l$ 的乘积沿路径的积分。光从 A 点到 B 点所需时间为

$$t = \frac{[l]}{c} = \frac{1}{c} \int_{A}^{B} n(\boldsymbol{r}) \mathrm{d}l \tag{1.3.7}$$

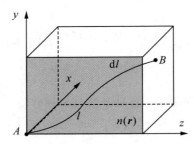

图 1.3.2 变折射率介质中的光线、光程

1.3.1.2 费马原理

如果不受任何规律的约束，光从空间中的 A 点传播到 B 点可以有无限多可能的路径。但经验和物理实际表明，并非所有路径都是可以实现的。物理上，实际可行的光线必须遵循费马原理。或者说，费马原理是实际光线所受的一种约束或所应遵循的规律，它从各种几何上可能的光线路径中"筛选"出物理上实际可行的光线路径。

费马原理可以表述为：空间中两点间的实际光线路径是平稳的路径。这里所说的"平稳"，是指当光线以任何方式对该路径有无限小的偏离时，相应光程的一阶变量改为零（或表述为相应光程的一阶变为零），即

$$\delta[l]=\delta\left[\int_A^B n(\boldsymbol{r})ds\right]=0 \tag{1.3.8}$$

显然，以上各表述中的光程可以等效地用光的传播时间 t 来代替，这时上式可改写为

$$\delta t=\delta\left[\frac{1}{c}\int_A^B n(\boldsymbol{r})dl\right]=0 \tag{1.3.9}$$

在满足费马原理的条件下，光线光程随路径变化的关系可以有极小值、极大值、常数等多种情况。究竟实际光线采取哪种情况，由具体问题中光学系统对光线的约束状况而定。最简单的例子是光在均匀介质中的传播，这时光线的可能路径不受任何约束，光程只可能具有极小值。有关费马原理的表述及分析讨论可参考光学教科书和相关文献。

1.3.1.3　光线方程

光的实际传播路径（光线）还可以用光线方程来描述。从费马原理可以导出光线方程：

$$\frac{d}{dl}\left(n\frac{dx}{dl}\right)=\frac{\partial n}{\partial x},\quad \frac{d}{dl}\left(n\frac{dy}{dl}\right)=\frac{\partial n}{\partial y},\quad \frac{d}{dl}\left(n\frac{dz}{dl}\right)=\frac{\partial n}{\partial z} \tag{1.3.10}$$

用 $\boldsymbol{x}_0$、$\boldsymbol{y}_0$ 和 $\boldsymbol{z}_0$ 分别表示 x、y 和 z 方向上的单位矢量，设 $\boldsymbol{r}(l)=\boldsymbol{x}_0 x(l)+\boldsymbol{y}_0 y(l)+\boldsymbol{z}_0 z(l)$，则式（1.3.10）所示光线方程可以表示为

$$\frac{d}{dl}\left(n\frac{d\boldsymbol{r}}{dl}\right)=\nabla n \tag{1.3.11}$$

式中，$\nabla=\boldsymbol{x}_0\dfrac{\partial}{\partial x}+\boldsymbol{y}_0\dfrac{\partial}{\partial y}+\boldsymbol{z}_0\dfrac{\partial}{\partial z}$，为梯度算符。

理论上，只要已知 $n=n(\boldsymbol{r})=n(x,y,z)$ 和给定初始条件，通过求解光线方程，就可得到光的实际传播路径在传播空间中各点的坐标，即确定实际的光线。但对于非均匀介质的一般情况，求解偏微分方程是非常困难的。传播路径基本上平行于某一方向的光线称为"傍轴光线"，沿 z 轴方向传播的傍轴光线如图 1.3.3 所示。对于傍轴光线，取傍轴近似 $dl\approx dz$，式（1.3.10）所示光线方程可简化为傍轴光线光程：

$$\frac{d}{dz}\left(n\frac{dx}{dz}\right)\approx\frac{\partial n}{\partial x},\quad \frac{d}{dz}\left(n\frac{dy}{dz}\right)\approx\frac{\partial n}{\partial y} \tag{1.3.12}$$

图 1.3.3　沿 z 轴传播的傍轴光线示意图

对于光在均匀介质中传播的情况，折射率 n 是常数，傍轴光线光程简化为 $\dfrac{d^2 x}{dz^2}=\dfrac{d^2 y}{dz^2}=0$，其解为两个直线方程 $x=Az+B$ 和 $y=Cz+D$，这就说明光在均匀介质中沿直线传播。

实际上，绝对的均匀介质是不存在的，光线弯曲是普遍情况，直线传播只是近似的理

想情况或特殊情况。例如,在一定的局域范围内,忽略温度和密度变化,空气或水可以看作均匀介质,光在其中沿直线传播,正如日常观察到的现象。但是,如果在更大范围内观测光在大气中的传播,因为距离地面高度不同,大气的温度和密度也不同,折射率不再是常数,因此光线弯曲现象就会很明显,蜃景就是最明显的例子。在科学领域,研究人员还会专门研究变折射率材料和器件,用于控制光束传播,如渐变折射率透镜和光纤等。变折射率介质及其中的光线弯曲更具有普遍性,均匀介质只是一种理想的极限情况。

1.3.2　光的直线传播——影子及小孔成像

在局域范围内,忽略空气温度和密度的变化,空气的折射率为常数,光沿着直线传播。物体的影子及小孔成像是最常见的例子,如图 1.3.4 所示。日常生活中,由于光源都不是点光源而是有一定空间扩展的光源,所以影子的边沿会出现错位、重叠和模糊。

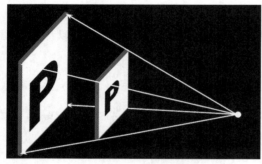

(a) 影子的形成原理图

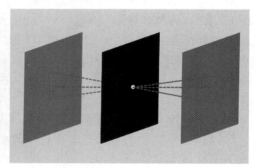

(b) 小孔成像原理图

(c) 影子的形成实例

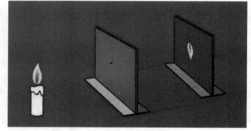

(d) 小孔成像实例

图 1.3.4　光的直线传播

1.3.3　光的反射与折射

1.3.3.1　反射定律与折射定律

光入射到两种介质的分界面时,会发生反射和折射,如图 1.3.5 所示。反射光与折射光的传播方向分别遵从反射定律和折射定律。

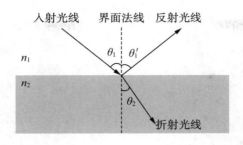

图 1.3.5　光在两种介质分界面处的反射和折射

反射定律：反射光线和入射光线同在入射面内且分居入射点处界面法线两侧，反射角 θ_1' 等于入射角 θ_1，即

$$\theta_1' = \theta_1 \tag{1.3.13}$$

折射定律：折射光线和入射光线同在入射面内且分居入射点处界面法线两侧，折射角 θ_2 和入射角 θ_1 满足：

$$n_1 \sin\theta_1 = n_2 \sin\theta_2 \tag{1.3.14}$$

1.3.3.2　外折射、内折射与全内反射

折射率小的介质称为"光疏介质"，折射率大的介质称为"光密介质"。设光从折射率为 n_1 的介质入射到折射率为 n_2 的介质，依据光传播方向与折射率相对大小关系，会出现外折射、内折射与全内反射等几种情况，如图 1.3.6 所示。

(1) 外折射：光从光疏介质 (n_1) 传入光密介质 (n_2)，$n_1 < n_2$，如图 1.3.6(a) 所示。此时，若折射角 θ_2 小于入射角 θ_1，则折射光线比入射光线更靠近界面法线，只要入射角 θ_1 小于 90°，总有折射光线。

(2) 内折射与全内反射：光从光密介质 (n_1) 传入光疏介质 (n_2)，$n_1 > n_2$，如图 1.3.6(b) 所示。此时，存在一个特殊入射角 θ_c，当入射角 $\theta_1 < \theta_c$ 时，$\theta_2 > \theta_1$，折射光线比入射光线更远离界面法线，随着入射角 θ_1 逐渐增大，折射角逐渐接近 90°。当入射角 θ_1 增大到 $\theta_1 = \theta_c$ 时，折射角 $\theta_2 = 90°$；当入射角 θ_1 再增大时，将没有折射光射出，光线全部反射回光密介质，发生全内反射，θ_c 称为"全反射临界角"(the critical angle)。

$$\theta_c = \sin^{-1}\left(\frac{n_2}{n_1}\right) \tag{1.3.15}$$

图 1.3.7 所示是基于全内反射原理，采用直角棱镜 (right angle prisms) 和光纤传输光的示例。

光在两种介质界面处发生反射和折射时，振幅、相位、偏振态等详细量化关系与介质特性、折射率大小、入射角度及光的偏振态有关，其具体量化关系由菲涅尔公式给出，读者可参阅相关参考书籍或文献来了解具体内容。

在界面没有镀膜及非特殊角度、非特殊偏振的一般情况下，光强透射率远大于反射率。以空气-玻璃界面为例，假设空气和玻璃折射率分别取为 1 和 1.5，接近正入射时的光强反射率约为 4%，透射率约为 96%。通过镀膜可以按要求得到所需的反射率和透射率。

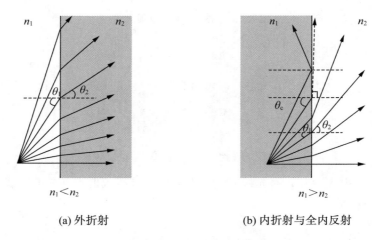

(a) 外折射　　　　　　　　　　　(b) 内折射与全内反射

图 1.3.6　光在两种介质界面处折射时折射角与入射角的关系

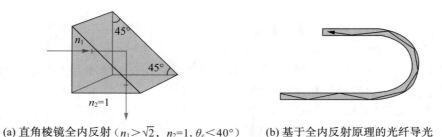

(a) 直角棱镜全内反射（$n_1 > \sqrt{2}$，$n_2=1$，$\theta_c < 40°$）　　(b) 基于全内反射原理的光纤导光

图 1.3.7　光的全内反射示例

1.3.4　光的干涉

1.3.4.1　波的叠加原理

波的叠加原理可以表述为：在 N 列光波的交叠区域内，波场中某一点的振动等于各个波单独存在时在该点所产生的振动之和。由于振动量通常是矢量，所以一般情况下此处的"和"应理解为矢量和，即

$$\boldsymbol{E}(\boldsymbol{r},t) = \sum_{i=1}^{N} \boldsymbol{E}_i(\boldsymbol{r},t) \tag{1.3.16}$$

对于光波，振动矢量通常取为电场强度矢量。$\boldsymbol{E}_i(\boldsymbol{r},t)$ 表示在时刻 t，空间 $\boldsymbol{r}$ 处，第 i 列光波单独产生的振动矢量，而 $\boldsymbol{E}(\boldsymbol{r},t)$ 则表示在 t 时刻该点的合扰动的振动矢量，如图 1.3.8 所示。

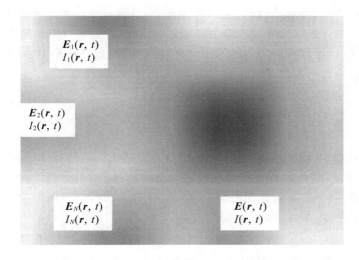

图 1.3.8 多列光波在同一空间的叠加

$I_i(\boldsymbol{r},t)=\langle|\boldsymbol{E}_i(\boldsymbol{r},t)|^2\rangle$ 是第 i 列光波单独存在时的光强分布，$I(\boldsymbol{r},t)=\langle|\boldsymbol{E}(\boldsymbol{r},t)|^2\rangle$ 是 N 列光波同时存在时的光强分布，表示观测到的光强分布，符号 $\langle\ \rangle$ 为时间平均算符。因为光振动的频率极大，眼睛或探测器的响应时间远小于光振动的周期，不可能观测到光的瞬时振动，观测到的是时间平均效果。

对于标量波（波场中各点振动方向相同或者只考虑矢量波在某一方向上的分量），矢量和可简化为代数和，即

$$u(\boldsymbol{r},t)=\sum_{i=1}^{N}u_i(\boldsymbol{r},t) \tag{1.3.17}$$

第 i 列光波单独存在时的光强分布为 $I_i(\boldsymbol{r},t)=\langle|u_i(\boldsymbol{r},t)|^2\rangle$，$N$ 列光波同时存在时的光强分布为 $I(\boldsymbol{r},t)=\langle|u(\boldsymbol{r},t)|^2\rangle$。

叠加原理的依据和合理性是由波动方程的线性（叠加性和均匀性）决定的。叠加原理可以看作是波的独立传播的必然结果。依据这一原理，当两列或多列波在同一波场中传播时，每一列波的传播方式和特性（如频率、振动方向、强度等）都不因其他波的存在而受到影响。从波与物质相互作用的角度分析，此原理也可称为"波的独立作用原理"。

需要说明的是：和一切物理定律一样，波的叠加原理也有其适用条件和范围。除了在真空中，能够使叠加原理成立的介质被称为"线性介质"。一种介质是否被看作线性介质，不仅取决于介质本身，而且还取决于光的强度。在普通光强下，多数介质一般可被认为是线性介质。只有在光强很大的情况下（例如高强度激光），介质才呈现出明显的非线性。光学中研究非线性现象的分支称为"非线性光学"。若没有特殊说明，光学研究一般都限于线性介质，即认为波动服从叠加原理。

1.3.4.2 光的干涉与相干性

光的干涉是指当两列或多列光波在同一空间区域交叠时，光的强度随空间位置变化呈现某种规律分布的现象，或者在空间一个固定点上，光的强度随时间变化呈现某种规律变化的现象。

在图 1.3.8 所示的多列波叠加中,为说明简单,这里仅考虑有两列光波在某空间区域内相互叠加的情况。这两列光波可以是由同一光源发出的,也可以是由不同光源发出的,其频率可以相同,也可以不同。为了简化分析,设这两列光波都是单色的,角频率分别为 ω_1 和 $\omega_2(\omega_2 > \omega_1)$;两列单色光波在波场中 P 点处叠加,P 点的空间位置坐标矢量为 $\boldsymbol{r}$,二者在 P 点产生的光振动分别为

$$\boldsymbol{E}_1(\boldsymbol{r},t) = \boldsymbol{E}_{10}(\boldsymbol{r})\cos[\varphi_1(\boldsymbol{r}) - \omega_1 t + \varphi_{10}] \tag{1.3.18}$$

$$\boldsymbol{E}_2(\boldsymbol{r},t) = \boldsymbol{E}_{20}(\boldsymbol{r})\cos[\varphi_2(\boldsymbol{r}) - \omega_2 t + \varphi_{20}] \tag{1.3.19}$$

式中,$\varphi_1(\boldsymbol{r})$ 和 $\varphi_2(\boldsymbol{r})$ 分别是两列单色波在 P 点的空间相位,它们仅由光源和 P 点的空间位置决定,只要光源和 P 点的空间位置确定,$\varphi_1(\boldsymbol{r})$ 和 $\varphi_2(\boldsymbol{r})$ 的值就是确定的;φ_{10} 和 φ_{20} 分别是两列单色波的初相位,与光源发光机制和特性有关,通常是时间 t 的函数。

两列单色波在 P 点叠加合成的瞬时光振动为

$$\boldsymbol{E}(\boldsymbol{r},t) = \boldsymbol{E}_1(\boldsymbol{r},t) + \boldsymbol{E}_2(\boldsymbol{r},t) \tag{1.3.20}$$

由于光振动频率极高,$\boldsymbol{E}(\boldsymbol{r},t)$ 的瞬时值是无法测定的,实际可观测量是在探测器响应时间 τ 内的平均能流密度(即光强),忽略某些常数,它可表示为

$$I(\boldsymbol{r}) = \frac{1}{\tau}\int_0^{\tau} |\boldsymbol{E}(\boldsymbol{r},t)|^2 \mathrm{d}t = \langle |\boldsymbol{E}(\boldsymbol{r},t)|^2 \rangle \tag{1.3.21}$$

式中,$\langle\ \rangle$ 为时间平均算符,

$\boldsymbol{E}^2(\boldsymbol{r},t)$ 可表示为

$$
\begin{aligned}
\boldsymbol{E}^2(\boldsymbol{r},t) &= (\boldsymbol{E}_1 + \boldsymbol{E}_2) \cdot (\boldsymbol{E}_1 + \boldsymbol{E}_2) = \boldsymbol{E}_1^2 + \boldsymbol{E}_2^2 + 2\boldsymbol{E}_1 \cdot \boldsymbol{E}_2 \\
&= \boldsymbol{E}_{10}^2 \cos^2[\varphi_1(\boldsymbol{r}) - \omega_1 t + \varphi_{10}] + \boldsymbol{E}_{20}^2 \cos^2[\varphi_2(\boldsymbol{r}) - \omega_2 t + \varphi_{20}] \\
&\quad + \boldsymbol{E}_{10} \cdot \boldsymbol{E}_{20}\cos\{[\varphi_2(\boldsymbol{r}) + \varphi_1(\boldsymbol{r})] - (\omega_2 + \omega_1)t + (\varphi_{20} + \varphi_{10})\} \\
&\quad + \boldsymbol{E}_{10} \cdot \boldsymbol{E}_{20}\cos\{[\varphi_2(\boldsymbol{r}) - \varphi_1(\boldsymbol{r})] - \Delta\omega t + \Delta\varphi_0\}
\end{aligned}
\tag{1.3.22}
$$

式中,$\Delta\omega = \omega_2 - \omega_1$,$\Delta\varphi_0 = \varphi_{20} - \varphi_{10}$。现有探测器的响应时间 τ 均远大于光的振动周期 T,因此有 $(\omega_2 + \omega_1)\tau \gg 2\pi$,即在观测时间内,式(1.3.22)中第三项已经历了成千上万以至更多次振动,其时间平均值必然为零。对其他三项取时间平均得到的强度分布为

$$I(\boldsymbol{r}) = I_1(\boldsymbol{r}) + I_2(\boldsymbol{r}) + 2\sqrt{I_1(\boldsymbol{r})I_2(\boldsymbol{r})}\cos\theta\langle\cos\delta\rangle \tag{1.3.23}$$

式中,$I_1(\boldsymbol{r})$ 和 $I_2(\boldsymbol{r})$ 分别为两列光波单独在 P 点产生的光强;θ 为 $\boldsymbol{E}_{10}$ 和 $\boldsymbol{E}_{20}$ 之间的夹角;δ 是两列光波的相位差,是空间位置和时间的函数,可表示为

$$\delta(\boldsymbol{r},t) = [\varphi_2(\boldsymbol{r}) - \varphi_1(\boldsymbol{r})] - \Delta\omega t + \Delta\varphi_0 \tag{1.3.24}$$

式(1.3.22)和式(1.3.23)是两列光波或双光束叠加时具有普遍意义的强度分布表达式。在式(1.3.22)中,若等号右边第三项恒为零,则两列光波之间只是简单的强度叠加,即总强度等于各自强度之和,没有产生干涉;若第三项不是恒为零,而是随着空间位置的不同而变化,或者随时间的不同而变化,则认为两列光波之间产生了干涉。因此,形成干涉的必要条件为:①$\theta \neq \pi/2$,即 $\boldsymbol{E}_{10}$ 和 $\boldsymbol{E}_{20}$ 不互相正交(两列光波的振动方向不相互垂直)。②在时间间隔 τ 中 $\langle\cos\delta\rangle \neq 0$。条件①是显而易见的。下面主要讨论条件②。

为了说明条件②,下面讨论式(1.3.23)等号右边各项的时间、空间变化对干涉的影响。对给定点 P,$\varphi_1(\boldsymbol{r})$ 和 $\varphi_2(\boldsymbol{r})$ 的值由光源和 P 点的空间位置决定,$\varphi_1(\boldsymbol{r})$ 和 $\varphi_2(\boldsymbol{r})$ 各自

的值不同,但都是确定的、不随时间变化的值,因而$[\varphi_2(\boldsymbol{r})-\varphi_1(\boldsymbol{r})]$也是确定的、不随时间变化的值。

φ_{10} 和 φ_{20} 与光源的发光机制和特性有关,通常是时间 t 的函数,可分为以下两种情况:①对于理想单色光波,φ_{10} 和 φ_{20} 分别具有不随时间变化的确定值,因而 $\Delta\varphi_0=\varphi_{20}-\varphi_{10}$ 也具有不随时间变化的确定值。②对于实际光源,由于其中某一发光单元所发射的光波是一系列间断的、彼此独立无关的波列,只有在一个波列的持续时间 Δt(约 10^{-8} s 或更短)内,光波的初相位才保持恒定,而在较长的时间间隔 τ 中,$\Delta\varphi_0$ 将随时间 t 而变化。这样,根据式(1.3.23),在光场中任一点,δ 一般是 $\Delta\omega t$ 和 $\Delta\varphi_0(t)$ 的函数,即 $\delta(t)=\delta(\Delta\omega t,\Delta\varphi_0(t))$。下面分别讨论 $\delta(t)$ 中 $\Delta\omega t$ 和 $\Delta\varphi_0(t)$ 两个变量对干涉的影响。

首先,若 $\Delta\varphi_0$ 在观测时间 τ 中保持恒定,则 $\delta(t)$ 随时间 t 的变化仅是由 $\Delta\omega t$ 引起的。$\cos\delta$ 的变化频率为两列光波的差频 $\Delta\omega$,变化周期为 $T_b=2\pi/\Delta\omega$。

当 $\Delta\omega=0$,即两列光波频率相同时,$T_b\to\infty$,δ 和 $\cos\delta$ 不随时间变化,仅随空间点 P 的位置不同而变化,式(1.3.22)右侧第三项不为零,此时可以观测到不随时间变化而仅随空间位置变化的稳定空间强度分布(称之为“稳态干涉条纹”或“干涉图样”),这种干涉被称为“稳态干涉”。因此,加上前面所述的两个必要条件,形成稳态干涉所需要的三个条件可表述为:①频率或波长相同;②$\theta\neq\pi/2$,即 $\boldsymbol{E}_{10}$ 和 $\boldsymbol{E}_{20}$ 不互相正交;③相位差恒定。

当 $\Delta\omega$ 很小但不为零时,T_b 很大,若观测时间 $\tau\ll T_b$,则在观测时间 τ 中 $\Delta\omega t\ll 2\pi$,$\cos\delta$ 的变化量远小于 1,$\langle\cos\delta\rangle\neq 0$,式(1.3.22)第三项不为零,此时也可以观测到干涉效应,这种干涉被称为“暂态干涉”。

当 $\Delta\omega$ 较大时,T_b 很小,以至于观测时间 $\tau\gg T_b$,则在观测时间 τ 中 $\Delta\omega t\gg 2\pi$,在观测时间内 δ 变化了很多个周期,使得 $\langle\cos\delta\rangle=0$,式(1.3.22)右侧第三项为零,此时一般观测不到干涉效应。

其次,若 $\Delta\varphi_0$ 在观测时间 τ 中随时间变化很快,其值变化很大或者在 $[0,2\pi]$ 内随机变化,使得 $\langle\cos\delta\rangle=0$,则式(1.3.22)右侧第三项为零,此时观测不到干涉效应。普通光源的发光情况正是此类情况。普通光源具有一定空间大小,其中具有成千上万个各自独立的发光单元,各个发光单元发光的初相位不同,是随机的。即使是同一个发光单元的辐射发光,也只能在 Δt 的时间中保持确定的初相位,所以来自不同发光单元的光波保持恒定相位差的时间也不会超过 Δt。因此,即使采用同一个普通光源,也很难观测到干涉现象。

当两列或多列光波在同一空间区域内交叠时,是否形成可观测的稳定的干涉条纹/干涉图样(二维或三维空间强度分布),或随时间稳定变化的强度信号,即能否发生光的干涉,取决于光源或光波的相干性。由不同类型的多个光源发出的光波相互叠加,很难实现干涉或者很难观察到干涉,至少在目前的观测技术条件下还难以观测到。由同一类型的多个光源发出的光波相互叠加,实现干涉也非常困难,尤其是普通光源。但对某些特殊光源(如激光),经过特别严格的技术控制后,干涉是可以实现的。把同一类型的同一个光源发出的光波分成多束,然后再使之相互叠加,则实现干涉相对较为容易,尤其是激光。

通常在讨论光的干涉时,常常假定光源或光波是完全相干的或完全非相干的,而忽略它们的中间状态(即部分相干状态)的存在。事实上,严格的相干光和非相干光都只是一种理想情况,实际中并不存在,实际的光源或光波总是部分相干的,只是在一定条件下近似当作相干光或非相干光来处理。

理想的相干光源应该是单色点光源,其所发出的光波是完全相干光(简称"相干光")。也就是说,严格的相干光源应该仅含有一个发光微元(原子或分子),且能持续发光。该发光微元发出的光波,其振幅不随时间变化,相位随时间线性变化,波列在时间上和空间上无限延伸(即波列长度无限长),光谱是单一频率的谱线。在相干光波场中,各个点上的光振动都是由光源发出的同一波列引起的,在时间和空间上完全相关。将同一相干光波分成两列或多列光波,然后使之相互交叠,在任何时间和空间上都能够形成稳定的可持续观测的干涉条纹。

实际的光源总是具有一定的空间面积或体积,总是包含大量的发光微元(原子或分子),其中各个不同发光微元所发出的光波,在初相位(发光步调)、振动频率(波长)、持续时间(波列长度)及振动方向等方面,一般是随机分布、相互无关的。即使是同一个发光微元(原子或分子),其发光在时间和空间上也不是无限持续、无限延伸的,光谱也不是单一频率的谱线,而是具有一定光谱展宽的谱线。这是由于在原子发射辐射时,每个原子在能级上有一定的寿命,且各原子间会发生碰撞,原子运动存在多普勒效应等。将同一个实际光源发出的光波分成两列或多列光波,然后使之相互交叠,能否形成稳定、可持续观测的干涉条纹,取决于光源或光场的相干性。实际光源发出的光波的相干性,与光源发光的时间特性(光谱展宽)和空间特性(空间展宽)有关。因此,存在两类相干性问题,即时间相干性和空间相干性。

时间相干性与光源的光谱展宽特性有关,通常用波列长度或相干长度 L_c 来表征,即

$$L_c = c\,\Delta t = \frac{\lambda^2}{\Delta\lambda} = \frac{c}{\Delta\nu} \tag{1.3.25}$$

式中,c 为光速;Δt 为光源中的发光微元每次发光的持续时间;λ 为中心波长;$\Delta\lambda$ 为用波长表示的光谱谱线宽度;$\Delta\nu$ 为用频率表示的光谱谱线宽度。

可见,每次发光的持续时间越长,波列长度就越长,$\Delta\lambda$ 或 $\Delta\nu$ 就越小(即光源的单色性越好),相干长度就越大(即相干性越好)。发光点源 S 发出的波列及波列长度如图 1.3.9 所示,P_1 和 P_2 之间及 P_2 和 P_3 之间的距离小于波列长度 L_c,P_1 和 P_2 及 P_2 和 P_3 是相干的;P_1 和 P_3 之间的距离大于波列长度 L_c,二者是非相干的。

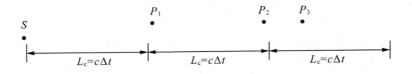

图 1.3.9　点源发出的波列及波列长度

在实际干涉系统或光路中,相干长度 L_c 是两列光波能够实现干涉的最大光程差。杨氏双孔干涉装置如图 1.3.10(a)所示,其中 S 为发光点源,S_1 和 S_2 为不透光屏上的双孔,$\overline{SS_1} = \overline{SS_2}$,$S_1$ 和 P 点之间的光程与 S_2 和 P 点之间的光程之差(即光程差)为 $\Delta = |\overline{S_1P} - \overline{S_2P}|$。若 $\Delta < L_c$,则从 S_1 和 S_2 发出的光在 P 点是相干的,在 P 点能够观察到干涉条纹;若 $\Delta > L_c$,则从 S_1 和 S_2 发出的光在 P 点是非相干的,在 P 点观察不到干涉

条纹。迈克耳孙干涉仪如图 1.3.10(b)所示，其中 BS 是分束镜，M_1 和 M_2 为反射镜，M_1' 为 M_1 关于 BS 的镜像位置，设 M_1 和 P 点之间的光程与 M_2 和 P 点之间的光程之差（即光程差）为 $\Delta = |\overline{M_1P} - \overline{M_2P}|$。若 $\Delta < L_c$，则从 M_1 和 M_2 反射的光在 P 点是相干的，在 P 点能够观察到干涉条纹；若 $\Delta > L_c$，则从 M_1 和 M_2 反射的光在 P 点是非相干的，在 P 点观察不到干涉条纹。

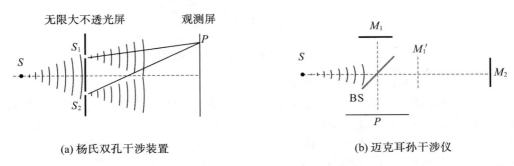

(a) 杨氏双孔干涉装置　　　　　　　　(b) 迈克耳孙干涉仪

图 1.3.10　时间相干性说明

　　常见光源（如太阳及各种普通人造照明光源）由于光谱范围很宽，相干性很差，日常很难观察到干涉现象，所以通常称它们为"非相干光源"。激光器是一种能对光子产生受激辐射放大作用的器件，它发出的光单色性好，具有很好的相干性，虽然常称之为"相干光源"，但它其实只是相干性很好的光源。绝对理想的单色光源（$\Delta\lambda = 0$，即相干光源）是不存在的。

　　空间相干性与光源的空间展宽特性有关。实际的光源都有一定的面积或体积，面积或体积越大，其内部的发光单元越多，各发光单元的发光随机性就越大，关联性就越小，其相干性也就越差。扩展光源的横向相干范围如图 1.3.11 所示，其中光源 S 的横向宽度为 b，波长为 λ，横向空间相干性可用光场中保持相干的两点之间最大横向分离距离相对于光源中心的张角用相干孔径角 β_M 来表征。

$$\beta_M = \frac{\lambda}{b} = \frac{d_M}{Z_S} \tag{1.3.26}$$

式中，d_M 为横向相干宽度；Z_S 为 P_1 和 P_2 所在平面与光源 S 的距离。

　　相干孔径角范围之内的两点（如 P_1'' 和 P_2''）之间是相干的，之外的两点（如 P_1' 和 P_2'）之间是非相干的。P_1 和 P_2 两点处于临界状态，二者之间的距离 d_M 称为"横向相干宽度"，可表示为

$$d_M = \lambda \frac{Z_S}{b} = \frac{\lambda}{\gamma} \tag{1.3.27}$$

式中，$\gamma = b/Z_S$ 为光源宽度对 P_1 和 P_2 连线中心的张角。

　　可见，光源空间展宽 b 越大，相干孔径角 β_M 越小，横向相干宽度 d_M 越小，空间相干性越差；当 $b \to 0$（即光源为点源）时，空间相干性最好。

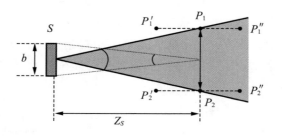

图 1.3.11　扩展光源的横向相干范围

1.3.4.3　观测稳态干涉的方法和装置

基于上述稳态干涉条件,为了观察到稳态干涉条纹,通常是先把从一个相干光源或部分相干光源发出的一列光波分成两列或多列光波,然后再使之相叠加。把一列光波分成两列或多列光波的方法有:分波前法(division of wavefront)、分振幅法(division of amplitude)、分偏振法和分时间法。下面只对分波前法和分振幅法进行简单介绍。

(1)分波前法:杨氏双缝/双孔干涉是典型的分波前干涉装置,其原理如图 1.3.12 所示。在无限大不透光屏上有两个距离为 $2a$ 的针孔 P_1 和 P_2,以 P_1 和 P_2 的连线的中心点为坐标原点,并取连线所在直线为 x 轴,过中心点且与连线垂直的直线为 z 轴,在小孔屏距为 d 且与 z 轴垂直的平面上观测干涉条纹。波长为 λ 的单色光波沿 z 轴从左侧垂直照射小孔,当 P_1 和 P_2 非常小时,P_1 和 P_2 可近似看作是点光源、发出球面光波,相当于在照明光波的一个波前上分出两个波前,所以将该分波方法称为"分波前法"。在 z 轴的傍轴区域内观测到的干涉条纹是平行等距的正余弦形直条纹,其强度分布可表示为

$$I(x,y,d) \approx 2I_0\left(1+\cos\frac{2\pi\theta x}{\lambda}\right) = 2I_0\left(1+\cos\frac{4\pi ax}{\lambda d}\right) \tag{1.3.28}$$

式中,I_0 为 P_1 或 P_2 单独在观测平面上的光强。条纹间距为

$$\Delta x = \frac{\lambda}{\theta} = \frac{\lambda d}{2a} \tag{1.3.29}$$

图 1.3.12　杨氏双孔/双缝干涉原理

其他分波前干涉装置,如菲涅尔双面镜、菲涅尔双棱镜、劳埃德镜、比耶对切透镜等,都可以等效为杨氏双缝/双孔干涉。

(2)分振幅法:楔形板等厚干涉(equal thickness interference of wedge)、牛顿环(Newton's rings)干涉、薄膜干涉(thin film interference)等是典型的分振幅干涉。分振幅法的干涉原理如图 1.3.13 所示,图 1.3.13(a)表示了分振幅法的干涉原理,参与干涉的两列光波分别来自于楔形板上下表面的反射和折射,一列光波是由光源上 S 点发出的光波经楔形板上表面反射而来,另一列光波是经上表面折射进入楔形板,由下表面反射,再经上表面折射而来,二者在楔形板的上部空间中叠加干涉。若光源是单色点光源,则形成非定域干涉条纹;若光源是空间扩展光源,则在楔形板表面附近形成定域干涉条纹。由于参与叠加干涉的两列光波是由一列光波通过振幅分割或强度分割得到的,因此该方法称为"分振幅法",两列光波的强度与界面处的反射率和透过率有关。图 1.3.13(b)是基于楔形板等厚干涉检测光学元件表面是否为平面的原理示意图,楔形板由待测光学元件、标准光学平行平面薄板、支撑组成。下面为待测光学元件,上面为标准光学平行平面薄板,在一侧用一个厚度很小的物体(如纸片或细金属丝)支撑,以便形成一个楔角很小的楔形空气薄层。若待测光学元件表面是平面,则形成与交线平行的、与空气层厚度相对应的平行等距直条纹;若待测光学元件的表面不是平面的,而是有凸凹变化的,则相应凸凹处的条纹会变形,由条纹变形方向和变形量可以测量出光学元件表面的变形情况和变形量大小。图 1.3.13(c)是牛顿环干涉原理,其中 R 为平面凸透镜的半径,d_n 为第 n 环暗纹的直径,d_m 为第 m 环暗纹的直径。牛顿环干涉是基于分振幅法的等厚干涉,将一个平凸透镜放置在一个光学平行平面薄板上,二者之间形成一个中心对称的、楔角不断变化的空气层,所形成的干涉条纹是内疏外密的同心圆环条纹。

其他典型且具有重要应用的分振幅干涉装置有马赫-曾德干涉仪(the Mach-Zehnder interferometer)和迈克耳孙干涉仪(Michelson's interferometer)等,其工作原理如图 1.3.14所示。

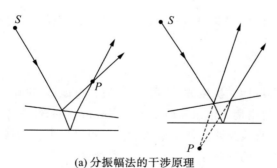

(a) 分振幅法的干涉原理

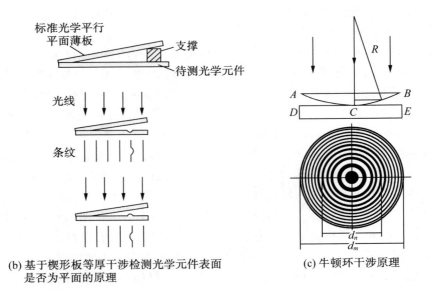

(b) 基于楔形板等厚干涉检测光学元件表面　　　(c) 牛顿环干涉原理
　　 是否为平面的原理

图 1.3.13　分振幅法的干涉原理

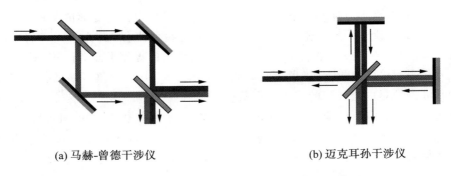

(a) 马赫-曾德干涉仪　　　　　　　　　(b) 迈克耳孙干涉仪

图 1.3.14　马赫-曾德干涉仪和迈克耳孙干涉仪的工作原理

1.3.5　光的衍射

衍射是波动的固有特性。机械波(如水波、声波)、电磁波、物质波(如电子束的德布罗意波)都会发生衍射。阿诺德·索末菲(Arnold Sommerfeld)曾把衍射定义为不能用反射或折射来解释的光线对直线光路的任何偏离。衍射也可以表述为波在传播过程中遇到障碍物时偏离几何光学路径的现象。

无限大不透光屏上有一个通光圆孔,圆孔直径为 D,波长为 λ 的单色平面光波沿 z 轴垂直入射到圆孔上,在距离圆孔为 Z_d 的平面上观测光强分布,如图 1.3.15 所示。在不同距离 Z_d 处,观测到的光强分布有如下特征:

(1)在紧贴圆孔后的一定距离范围内,光强分布可近似看作是圆孔的几何投影——圆形光斑,光斑边缘较为锐利清晰,该区域被称为"几何投影区"。

(2)随着距离不断增加,会观测到圆形光斑的区域逐渐增大,圆形光斑边缘越来越模糊且出现明暗交替的圆环条纹,圆环条纹逐渐向光斑的中心扩散;光斑中心的光强会随着距离的增加呈现亮暗交替变化,逐渐变化为以中心亮斑为中心的圆环条纹。该区域通常被称为"菲涅尔衍射区"。

(3)距离进一步增加,观测到的光强分布始终是以中心亮斑为中心的内疏外密的同心圆环条纹。随着距离的不断增加,只是整个圆环图样不断扩大,亮度变小。该区域被称为"夫琅禾费衍射区"。

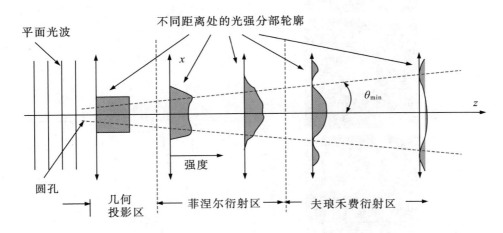

图 1.3.15　衍射现象的观测与分类

圆孔直径为 1 mm,光波长为 632.8 nm 时,不同距离 Z_d 处观测到的衍射光强分布的数值模拟结果如图 1.3.16 所示。从图 1.3.16 中可以看出,观测距离小于 5 mm 时,衍射光强分布可近似看作是圆孔的几何投影。随着距离增加(如 10 mm 处),光斑的边缘变模糊,强度起伏变化且向外扩展,衍射现象逐渐明显。随着距离进一步增加(如 20 mm 以后),强度起伏变化更大且向外扩展更多,中心点的强度随着距离增加出现亮暗交替变化。直到距离增加到 500 mm 后,光强分布形式整体保持不变,中心点处总是亮斑,周围出现圆环条纹,只是随着距离的不断增加,亮斑和圆环整体向外扩展。

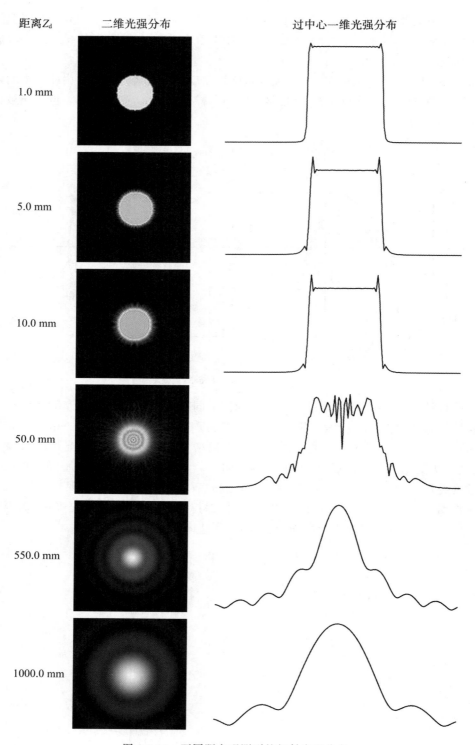

图 1.3.16　不同距离观测到的衍射光强分布

衍射现象在表观上有以下共同特征：

(1)波动可以绕到几何阴影区。

(2)衍射区光强的空间分布一般有多次起伏变化，即出现明暗交替的条纹，人们通常称之为"衍射图样"。

(3)对光波的空间限制越大，则该方向的衍射效应越强。图 1.3.17 是直径分别为 0.5 mm 和 1 mm 的圆孔的夫琅禾费衍射图样，可见 0.5 mm 圆孔的衍射更明显，即衍射图样扩展更多。

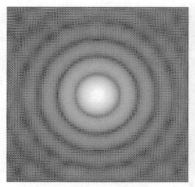 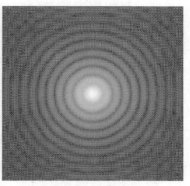

(a) 直径为0.5 mm的圆孔　　　　　　　(b) 直径为1.0 mm的圆孔

图 1.3.17　夫琅禾费衍射图样

衍射效应的强弱程度主要取决于波动的波长(λ)与障碍物(或孔径)线度(a)的比值(即 λ/a)。a 越大，比值越小，衍射现象越不明显。当 $\lambda/a \rightarrow 0$ 时，衍射效应消失，波动将按几何光学规律传播。在几何光学中，光在均匀介质中沿直线传播，影子的形成及小孔成像是忽略衍射效应的典型例子。在日常生活中，难以观察到衍射现象，一个原因是日常生活中的物体和孔径的线度远远大于可见光的波长，另一个原因是普通光源发出的光的相干性非常差。大致来说，若波长与线度的比值在 $10^{-2} \sim 10^{0}$ 数量级内，衍射现象显著。若波长与线度的比值增大，即粒子或孔径的线度近于或小于波长量级，则衍射光强对空间方位的依赖关系逐渐减弱，这时衍射现象逐渐过渡为散射现象。例如单缝衍射，单缝越窄，在与缝垂直方向上的光散开的角度越大；又如圆孔衍射，圆孔直径越小，衍射图样的中心亮斑越大。

引起衍射的障碍物可以是振幅型的(只改变光波的振幅或强度分布)，也可以是相位型的(只改变光波的光程或相位分布)，还可以是振幅-相位复合型的(同时改变光波的振幅和相位)。一般来说，只要是以某种方式使波前的振幅或相位分布发生变化，即引入空间不均匀性，而且这种不均匀性的线度 a 与波长 λ 的相对大小在适当范围内，就会发生衍射。λ/a 决定了衍射与介质不均匀性所引起的其他现象(例如大尺度不均匀性所形成的反射或折射、极小尺度不均匀性所形成的散射)的区别。前面引述的关于衍射的描述过于简略直观，不够深入。严格来说，衍射是波动在空间受到限制或空间不均匀性调制时所产生的、偏离原来传播方向的现象，即除了原有空间频率成分外，又产生了其他空间频率成分的现象。

1.3.6　透镜成像简介

成像是感知与获取光信息的主要方式之一。成像有很多种类型，如透镜成像、扫描成像、合成孔径成像、全息成像、关联成像、光场成像、光声成像、单光子成像、双光子成像等。基于透镜成像的常用光学仪器有照相机、摄像机、投影机、显微镜、望远镜等。

1.3.6.1 透镜成像过程的物理解释

物体可以看作是由无限多个物点组成的,每一个物点可以看作一个点光源。

(1)光线光学或几何光学解释:透镜成像过程为点光源 S 发射出的发散同心光束经透镜前后表面折射变为会聚于像点 S' 的会聚同心光束,如图 1.3.18 所示。

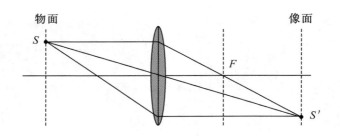

图 1.3.18　透镜成像过程的几何光学解释

(2)波动光学解释:透镜成像过程为点光源 S 发出的发散球面波经透镜相位变换变为会聚于像点 S' 的会聚球面波,如图 1.3.19 所示。

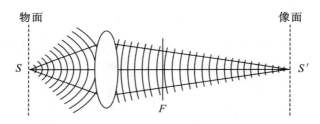

图 1.3.19　透镜成像过程的波动光学解释

(3)信息光学解释:物光波中含有很多不同权重的空间频率成分,每一种空间频率成分对应着不同传播方向的平面波,也就是说物光波可以分解为很多个不同传播方向、不同权重的平面波(或者说物光波是由很多个不同传播方向、不同权重的平面波叠加而成)。这些不同的空间频率成分(即不同传播方向的平面波)经衍射传播和透镜变换后在透镜后焦面上形成空间频谱。透镜后焦面又叫"空间频谱面",空间频谱面上的每一个点(每一个频谱成分)作为次级球面波源经衍射传播到达像面,形成物体的像,如图 1.3.20 所示。

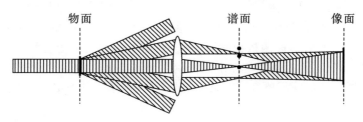

图 1.3.20　透镜成像过程的信息光学解释

1.3.6.2 透镜成像公式

薄透镜近似是指忽略透镜的厚度,且认为其通光孔径无限大,是一种理想近似。薄透镜成像公式为 $1/f = 1/z_1 + 1/z_2$,其中 f 为透镜焦距,z_1 和 z_2 分别为物距和像距,其原理如图 1.3.21 所示。透镜焦距 f 与透镜折射率 n、透镜前后表面的曲率半径 R_1 和 R_2 的关系式为 $1/f = (n-1)(1/R_1 - 1/R_2)$。成像横向放大率为 $y_2/y_1 = -z_2/z_1$。成像的虚、实及其放大、缩小与物距 z_1 有关。对于凸透镜(正透镜),当 $z_1 < f$ 时,成像为虚像;当 $z_1 > f$ 时,成像为实像;当 $2f > z_1 > f$ 时,成像为放大实像;当 $z_1 > 2f$ 时,成像为缩小实像;当 $z_1 = 2f$ 时,成像为等大实像;当 $z_1 = f$ 时,成像在无穷远处。对于凹透镜(负透镜),成像与 z_1 无关,总是虚像。

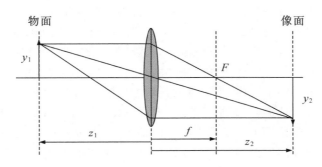

图 1.3.21 薄透镜成像原理

实际中的透镜总是有一定厚度和通光孔径,所以在成像时,其成像质量和分辨率受各种像差和衍射极限的影响和限制。光学成像镜头或光学成像系统都要经过严格的光学设计和调试,以获得较高的成像质量。

1.3.7 光学偏振与晶体双折射

1.3.7.1 光的偏振态和线偏振光学器件

光是电磁波,其电矢量 E 和磁矢量 B 均在与传播方向 k 垂直的平面内振动,且二者相互正交,因此光波是横波,如图 1.3.22 所示。因光与物质(尤其是非磁性介质)相互作用时起主要作用的是电矢量 E,所以通常将电矢量 E 称为"光矢量"。

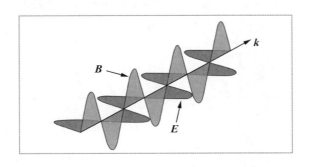

图 1.3.22 光波场中电矢量、磁矢量及传播方向之间的关系

偏振态是指光矢量 **E** 在与传播方向 **k** 垂直的平面内的振动状态。根据光的偏振态，光可分为偏振光、非偏振光（自然光）和部分偏振光。光的偏振程度通常用偏振度来描述，偏振光的偏振度为 1，非偏振光的偏振度为 0，部分偏振光的偏振度介于 0 和 1 之间。

（1）偏振光：偏振光包括线偏振光、圆偏振光和椭圆偏振光。

在与传播方向垂直的平面内，光矢量只沿一个固定的方向振动，光矢量末端的轨迹为一个直线段，故称"线偏振光"。图 1.3.23(a)所示线偏振光分别是一、三象限和二、四象限的线偏振光。线偏振光的光矢量振动方向与光传播方向所构成的平面称为"振动面"，线偏振光的振动面固定不动，不会发生旋转。大多数光源所发出的光都不是线偏振光，需要经过线偏振器调整才能获得线偏振光。

在与传播方向垂直的平面内，光矢量的振动方向随时间发生变化，光矢量端点的轨迹为一个圆，故称"圆偏振光"。根据旋向不同，圆偏振光可分为左旋圆偏振光和右旋圆偏振光。大多数光源所发出的光都不是圆偏振光，需要经过线偏振器和波片的适当调整才能获得相应的圆偏振光。图 1.3.23(b)所示圆偏振光分别是左旋圆偏振光和右旋圆偏振光。

在与传播方向垂直的平面内，光矢量的振动方向随时间发生变化，光矢量端点的轨迹为一个椭圆，故称"椭圆偏振光"。根据旋向，椭圆偏振光可分为左旋椭圆偏振光和右旋椭圆偏振光。大多数光源所发出的光都不是椭圆偏振光，需要经过线偏振器和波片的适当调整才能获得相应的椭圆偏振光。图 1.3.23(c)所示椭圆偏振光分别是左旋椭圆偏振光和右旋椭圆偏振光。

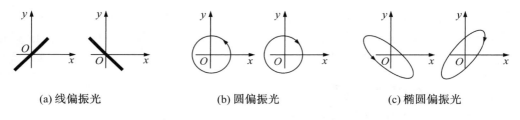

(a) 线偏振光　　　　　　　(b) 圆偏振光　　　　　　　(c) 椭圆偏振光

图 1.3.23　偏振光偏振态

（2）非偏振光（自然光）和部分偏振光：非偏振光（自然光）的光矢量振动方向在与传播方向垂直的平面内沿各个方向随机分布且振幅相等，在所有可能的方向上其统计平均分布概率均等，如图 1.3.24(a)所示。部分偏振光可以看作是由非偏振光和偏振光混合而成的，光矢量振动在某些方向上的分布概率和振幅大于其他方向，如图 1.3.24(b)所示。

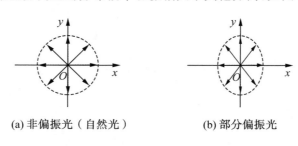

(a) 非偏振光（自然光）　　　　　　(b) 部分偏振光

图 1.3.24　非偏振光（自然光）和部分偏振光偏振态

　　(3)线偏振光学器件：一般光源发射的光大都是非偏振光或部分偏振光,要获得偏振光就需要采用偏振光学器件(利用布鲁斯特角反射得到偏振光除外)。偏振光学器件有很多种,如线偏振器(也称"偏振片""偏光镜"等)、波片(也称"相位延迟器")、圆偏振器、补偿器等。

　　可以由非偏振光(自然光)得到线偏振光的器件被称为"线偏振器"。透过线偏振器的光矢量 E 的振动方向称为线偏振器的"透振方向"。图 1.3.25 是采用线偏振器从自然光获得线偏振光的原理示意图,图中 P_1 和 P_2 为前后放置的两个线偏振器,其中带箭头的线表示其透振方向,二者透振方向的夹角为 θ。入射自然光的强度为 I_0,透过第一个线偏振器 P_1 后获得的线偏振光的振动方向与 P_1 的透振方向相同,强度为 $I_1=I_0/2$;透过第二个线偏振器 P_2 后获得的线偏振光的振动方向与 P_2 的透振方向相同,强度为 $I_2=I_1\cos^2\theta=(I_0/2)\cos^2\theta$,该关系式被称为"马吕斯定律"。

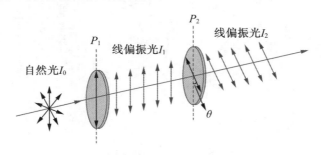

图 1.3.25　采用线偏振器从自然光获得线偏振光的原理

　　根据线偏振器获得线偏振光的原理及其制作材料不同,线偏振器可分为很多种,包括偏振棱镜、偏振片等。偏振棱镜是利用单轴晶体的双折射现象,将晶体制成各种棱镜来获得线偏振光的,如尼科耳(Nicol)棱镜、格兰-傅科(Glan-Foucault)棱镜、格兰-汤姆森(Glan-Thompson)棱镜、渥拉斯顿(Wollaston)棱镜等。偏振片也有多种类型,如金属线栅偏振片、高分子聚合物薄膜偏振片、二向色性偏振片等。

1.3.7.2　光的双折射

　　前面所说的折射是指光入射到各向同性的两种介质时发生的情况。当光入射到各向异性的两种介质中时,一般会产生两束折射光,这两束折射光均为线偏振光,这种现象被称为"双折射"(birefringence)。其中,一束折射光的传播角度与入射光之间遵从普通的折射定律,称其为"寻常光"(ordinary light,o 光),其振动方向与 o 光主平面垂直;另一束折射光的传播角度与入射光之间不遵从普通的折射定律,称其为"非寻常光"(extraordinary light,e 光),其振动方向位于 e 光主平面内。主平面是晶体光轴与光传播方向所在的平面,e 光主平面是晶体中的 e 光光线与晶体光轴构成的平面,o 光主平面是晶体中的 o 光光线与晶体光轴构成的平面。晶体光轴是晶体中存在的特殊方向轴,沿此方向传播的光不会发生双折射。注意:晶体光轴并非指某一特定的直线,所以晶体中平行于这个方向轴的任何直线都是光轴。只有一个光轴的晶体称为"单轴晶体",如方解石、石英、红宝石、冰等;有两个光轴的晶体称为"双轴晶体",如云母、硫黄、石膏等。图 1.3.26 是以方解石为例给出的双折射示意图,方解石是负单轴晶体,图 1.3.26(a)中虚线表示晶

体光轴。在此特例中,晶体光轴、入射光线及入射表面的法线均在纸面内(或平行于纸面),入射光线与入射表面法线构成的平面称为"入射面",包含晶体光轴且与晶体表面垂直(即包含晶体表面法线)的平面称为"主截面",主截面由晶体自身结构决定。在此特例中,入射面、主截面及 o 光主平面、e 光主平面重合。图 1.3.26(a)中带黑点"●"直线表示o 光振动方向,带短线"|"直线表示 e 光振动方向,由于 o 光主平面及 e 光主平面均与主截面重合,所以出射 o 光和 e 光的振动方向相互垂直。一般情况下,o 光主平面及 e 光主平面并不重合,因此 o 光和 e 光的振动方向也就不一定相互垂直。但理论和实验均表明,当入射线在晶体主截面内时,o 光主平面及 e 光主平面均与晶体主截面重合,o 光和 e 光的振动方向相互垂直。

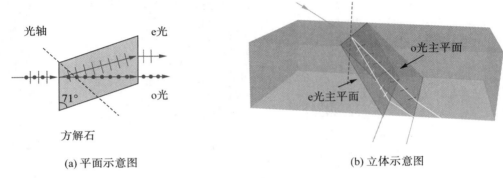

(a) 平面示意图　　　　　　　　　　　　　　　(b) 立体示意图

图 1.3.26　光的双折射

晶体双折射是各向异性晶体固有的特性,其双折射是永久的。另外,有些材料(如玻璃、塑料、环氧树脂)通常是不会发生双折射的,但当它们内部有应力时就会出现双折射现象。还有些不发生双折射的物质(如硝基苯、钛酸钡),在电场的作用下会出现双折射,这种现象称为"暂时双折射"或"人工双折射"。

利用晶体的双折射可以制作各种偏振光学器件(如偏振棱镜和波片等),从而获得线偏振光和其他偏振光。用于获得线偏振光的偏振棱镜有尼科耳棱镜、格兰-傅科棱镜、渥拉斯顿棱镜等,用于偏振光相位延迟的器件有二分之一波片、四分之一波片及全波片等,利用波片和偏振片或偏振棱镜组合可以获得圆偏振光和椭圆偏振光等。

1.3.7.3　利用反射获得线偏振光——起偏角(布鲁斯特角)

当光从折射率为 n_1 的介质射向折射率为 n_2 的介质界面时,会发生反射和折射。由菲涅尔公式可知,当入射角 i_b 为某一特定值[$i_b = \tan^{-1}(n_2/n_1)$]时,反射光为只有 S 分量的线偏振光,该线偏振光的振动方向垂直于入射面,如图 1.3.27 所示。图 1.3.27 中 r_0 为折射角。

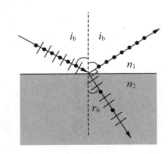

图 1.3.27　利用反射产生线偏振光

1.4　光与颜色

没有光和颜色,人们的生活将会变得单调乏味。

眼睛是自然赋予人类的最奇妙的视觉感知系统。人类所获得信息的 85% 以上都是通过眼睛感知的,其中颜色又是信息的重要表示形式。自然万物、服装、绘画、图片等都通过颜色让人们获得信息和愉悦感。人类之所以能感受到不同的颜色,是因为有了光及其不同的波长或频率成分。

颜色是光辐射作用于视觉器官后所产生的心理感受。受心理和生理方面的影响,不同的人对颜色的感知不完全相同,即使都是正常视觉的人,不同的人对颜色的感觉和判断也不完全相同。因此,颜色既是物理量,又是生理和心理量。要定量地对一种颜色进行描述,并用物理方法代替人眼来测量颜色,就需要用到色度图(chromaticity diagram)。

1.4.1　颜色的分类

根据颜色形成的物理机制,颜色可分为光源色(对自发光体)、物体色(对反射/散射体或透射体)及荧光色(对受光照后产生荧光的物质)。

根据视觉效果和感觉,颜色分为黑灰白和彩色两个系列。黑色可以定义为没有任何可见光进入视觉范围的颜色;白色是一种包含光谱中所有颜色光的颜色,通常被认为是"无色"的;灰色是介于黑色和白色之间的一系列颜色,可以大致分为深灰色和浅灰色,图 1.4.1 所示是 256 级灰阶图。黑灰白以外的所有颜色均为彩色系列,如红、橙、黄、绿、青、蓝、紫等,其波长范围在 380~780 nm 之间,如表 1.4.1 所示。

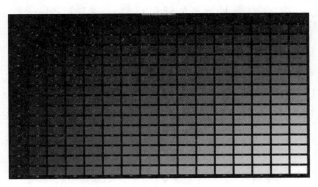

图 1.4.1　256 级灰阶图

表 1.4.1　颜色与波长范围

颜色	红	橙	黄	黄绿	绿	青	蓝	紫
波长范围/nm	780~620	620~590	590~560	560~530	530~500	500~470	470~430	430~380

1.4.2　颜色的表观特征与定量表示

颜色有明度(lightness)、色调(hue)和色纯度(saturation,也称"色饱和度")三种表观特征,可以用色坐标(chromaticity coordinate)、色温(color temperature)和色域(color gamut)等参量来定量表示。

1.4.2.1　颜色的三种表观特征

(1)明度:明度表示颜色的明暗程度,越亮的颜色其明度值越高。

(2)色调:色调是区分色彩的主要特征,反映彩色的类别。光谱色的色调随波长而变化,可见光谱范围内,光源辐射波长不同,在视觉上呈现的色调也不同,如 700 nm 光的色调是红色、579 nm 光的色调是黄色、510 nm 光的色调是绿色等。而物体色、荧光色则既与照明光的光谱组成有关,又与物体对光的选择吸收特性及受激辐射有关。

(3)色纯度:色纯度是指彩色浓淡不同的程度,表示彩色接近光谱色的程度(即纯度)。光谱色的色纯度为 1,白色的色纯度为 0。任何一种颜色都可以看作是某种光谱色与白色混合的结果,光谱色所占的比例越大,颜色接近光谱色的程度就越高,颜色的色纯度也就越高。同样,光谱色混入的白光越多,其纯度越低。色纯度(色饱和度)高,颜色深而艳。

黑、灰、白(或一幅灰度图像)只具有明度特征,而彩色(或彩色图像)还具有色调和色纯度两个色度特征。

1.4.2.2　颜色的定量表示

(1)色度图与色坐标:用红色、绿色和蓝色三种颜色作为三种原色(基色),按不同比例进行相加混色或者相减混色,可以产生其他任何颜色及色调。相加混色是指将三种原色按不同比例相加而获得不同彩色的方法,可写成方程式 $C[C] \equiv R[R] + G[G] + B[B]$,该式称为"配色方程"或"颜色方程",式中 $[C]$ 代表某一种颜色(color),$[R]$、$[G]$、$[B]$ 表示红、绿、蓝三原色,R、G、B 是每种原色的比例系数,$\equiv$ 表示匹配,即在视觉上与某种颜色相同。此方程式的含义是被匹配的颜色或混合而成的光谱色在视觉上可以由红、绿、蓝三种原色各自按相应的比例混合相加而成。

颜色既是一种物理量,也是一种生理量。为便于比较和统一,1931 年,国际照明委员会(CIE)提出了 CIE 1931 RGB 色度系统。该系统采用 700 nm、546.1 nm、435.8 nm 作为红、绿、蓝三原色波长,对配色方程进行归一化处理得 $[C] \equiv R/(R+G+B)[R] + G/(R+G+B)[G] + B/(R+G+B)[B]$。定义色度坐标 (r,g,b),其中 $r = R/(R+G+B)$,$g = G/(R+G+B)$,$b = B/(R+G+B)$,则 $[C] \equiv r[R] + g[G] + b[B]$。由于 $r+g+b=1$,则只需要知道其中两个即可,可以采用平面二维坐标 (r,g) 定量表征彩色。

由于颜色匹配试验的问题,CIE 1931 RGB 色度系统中存在负值,不利于计算和理解,因此 CIE 于 1964 年对 CIE 1931 RGB 色度系统进行了修订,提出了 CIE 1931 XYZ 色度系统。该色度系统用假想的三个原色 X、Y、Z 代替 RGB 系统的三原色,对原来的 RGB 色度图进行了数学变换,得到了与 RGB 系统中的三刺激值 R、G、B 对应的全为正数的三刺激值 X、Y、Z。相应地,色光 $[C]$ 的配色方程可表示为 $C[C] \equiv X[X] + Y[Y] + Z[Z]$,进行归一化处理得 $[C] \equiv X/(X+Y+Z)[X] + Y/(X+Y+Z)[Y] + Z/(X+Y+Z)[Z]$,令 $x = X/(X+Y+Z)$,$y = Y/(X+Y+Z)$,$z = Z/(X+Y+Z)$。由于 $x+y+z=1$,通过

x 和 y 就可以在二维平面中确定一个颜色,以 x、y 为横、纵坐标即可得到 CIE 1931 XYZ 色度图(见图 1.4.2),其中最外侧的马蹄形曲线和底部直线包围起来的闭合区域包括了自然所能得到或人眼可见的各种颜色,每一颜色都在色度图中占有确定的坐标位置(x,y)。X 轴色度坐标 x 相当于红色的比例,Y 轴色度坐标 y 相当于绿色的比例。图 1.4.2 中没有 Z 轴色度坐标(即蓝色所占的比例),这是因为比例系数的和为 1,则 $z=1-x-y$。位于马蹄形曲线上的光为单色光,具有最大饱和度,越靠近马蹄形曲线的内部,颜色的饱和度越小,颜色越接近白色。

色坐标就是颜色的坐标,也叫"表色系"。有了色坐标,就可以在色度图上确定一个点,这个点精确表示了某种颜色。例如,美国国家电视系统委员会(National Television Systems Committee,NTSC)规定,标准红色色坐标为$(0.67,0.33)$,标准绿色色坐标为$(0.21,0.71)$,标准蓝色色坐标为$(0.14,0.08)$,标准白色色坐标为$(0.33,0.33)$。

在图 1.4.2 所示的色度图中,整个色度图区域划分了 20 多个特定颜色区。在每个区域内,人们通常认为其颜色基本相同。每个颜色区都有一个平均主波长,或者补色主波长,它们的英文和中文对照如下:red 表示红色,pink 表示粉红色,reddish-orange 表示橙红色,yellowish-pink 表示黄粉色,orange 表示橙色,orange-yellow 表示橙黄色,yellow 表示黄色,greenish-yellow 表示绿黄色,yellow-green 表示黄绿色,yellowish-green 表示淡黄绿色,green 表示绿色,bluish-green 表示蓝绿色,greenish-blue 表示绿蓝色,blue 表示蓝色,purplish-blue 表示紫蓝色,purple viole 表示紫罗兰的紫色,reddish-purple 表示红紫色,purplish-pink 表示紫粉色,purplish-red 表示紫红色。图 1.4.2 的中心区为白光区。

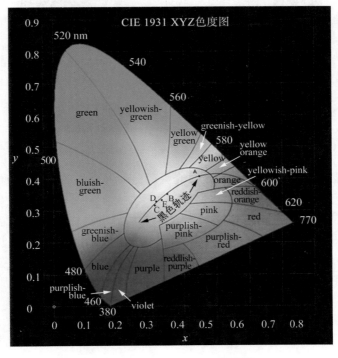

图 1.4.2　CIE 1931 XYZ 色度图

色度图中有三条特殊线：①单色光轨迹线，即色度坐标图中最外侧的马蹄形曲线。它是全部可见光单色光颜色的波长所对应颜色的色坐标轨迹线，波长从 380 nm 到 770 nm，曲线上每一点代表某个波长的单色光的颜色（称为"光谱色"），曲线旁边标注的数值 380、460、480、500、520、540、560、580、600、620、770 等是某些特征颜色点所对应的波长值（单位为 nm）。②紫红线，连接马蹄形曲线两端的直线，即连接 380 到 770 的直线。紫红线表示红色和紫色混合后的颜色轨迹，是光谱中所没有的，由紫到红。③黑体轨迹（black body locus）。在马蹄形区域的中部，跨过白色区，有一条向下弯的曲线，这条曲线表示黑体在不同温度下发光颜色的变化轨迹。图 1.4.3 所示为色度图色温线，色温的变化范围为 1000 K 到无穷大，但实际上常用的色温范围为 1000～14 000 K。图 1.4.3 中给出了黑体轨迹并标出了其绝对温度值。

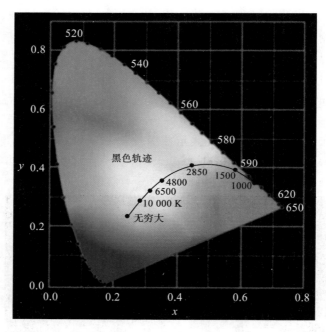

图 1.4.3　色度图色温线

（2）色温：色温是照明光学中用于定义光源颜色的一个物理量。光源的色温是通过对比它的发光颜色和理论的黑体来确定的，即把黑体加热到一个温度，其发射的光的颜色与某个光源所发射的光的颜色相同时，这个黑体加热的温度被称为该光源的"颜色温度"，简称"色温"，其单位为 K。图 1.4.4 所示为黑体辐射谱曲线，给出了峰值波长与绝对温度的关系。色温是表示光源光谱质量的通用指标，低色温光源的特征是能量分布中红辐射相对较多，通常称为"暖光"；色温提高后，能量分布中蓝紫辐射的比例增加，通常称为"冷光"。例如一些常用光源中，标准烛光的色温为 1930 K，钨丝灯的色温为 2760～2900 K，荧光灯的色温为 6400 K，中午阳光的色温为 5000 K，电子闪光灯的色温为 6000 K，蓝天的色温为 10 000 K。色温也被广泛应用于摄影、录像、显示、计算机、印染、印刷出版等领域。

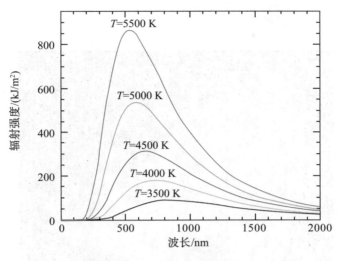

图 1.4.4　黑体辐射谱曲线

在图 1.4.2 所示色度图中,黑体轨迹上及附近有若干个特征点:①E 点是等能白光的色坐标点,是指三种基色光以相同的刺激光能量混合而成的光,但三者的光通量并不相等。E 点的色坐标为 $(\frac{1}{3}, \frac{1}{3}, \frac{1}{3})$,色温为 5400 K。②$A$ 点是 CIE 规定的一种标准白光光源(A 类标准光源)的色坐标点,该光源可由一种纯钨丝灯发出,色坐标为 (0.4476, 0.4074, 0.1450),色温为 2856 K。③B 点是 CIE 规定的一种标准白光光源(B 类标准光源)的色坐标点,代表直射日光,色坐标为 (0.3485, 0.3517, 0.2998),色温为 4874 K。④C 点是 CIE 规定的一种标准白光光源的色坐标点,代表昼光,色坐标为 (0.3101, 0.3163, 0.3736),色温为 6774 K。⑤D 点是 CIE 规定的标准照明光源 D65 光源所产生白光的色坐标点,称为"典型日光"或"人造日光"。D65 光源是标准光源中最常用的人工日光,用于模拟日光,保证在室内、阴雨天观测物品的颜色效果时,近似在日光下观测的效果,其色坐标为 (0.3127, 0.3290, 0.3583),色温为 6500 K。D65 光源广泛应用于纺织、印染、服装、皮革、鞋材、塑胶、电器、喷涂、电镀、涂料、油墨、颜料、化工、印刷、包装、家具、建材、摄影、显示等颜色管理领域。根据 CIE 的要求,D65 光源的显色指数应大于 96,以保证在 D65 光源下观察物品时,光线不偏蓝或不偏红,而普通的三基色灯管满足不了这个要求。D65 灯管内需要涂覆多层荧光粉涂层,任何的人造 D65 光源都没有真正的日光那么逼真,只能说尽量接近日光。目前,D65 光源的品牌及型号规格主要有 D65 PHILIPS TLD18w/965 6500 K、D65 PHILIPS TLD36w/965 6500 K、D65 VeriVide F20T12/D65 6500 K、D65 VeriVide F40T12/D65 6500 K、D65 GRETAGMACBETH F20T12/65 6500 K、D65 GRETAGMACBETH F40T12/65 6500 K 等。

色调与互补色如图 1.4.5 所示,设色度图上有一颜色对应图 1.4.5 中 S 点,由标准白光光源的色坐标点 C 过 S 点画一直线,该直线交光谱轨迹于 O 点(590 nm),S 点颜色的主波长为 590 nm,此处光谱的颜色即 S 的色调(橙色)。某一颜色离开 C 点后,所在位置与光谱轨迹的距离表明它的色纯度,即饱和度。颜色越靠近 C 点越不纯,越靠近光谱轨迹越纯。S 点位于从 C 到 590 nm 光谱轨迹的 45％处,所以它的色纯度为 45％[色纯度 $=(CS/CO)\times100$]。

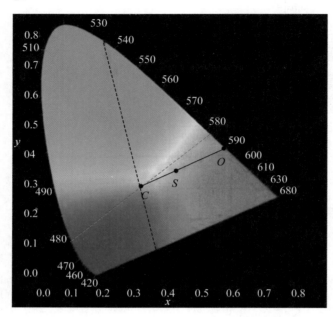

图 1.4.5　色调与互补色

若两种颜色的光按一定比例混合后可得到白光,则这两种色光被称为"互补色光"。在色度坐标图中,凡是穿过白色区的直线,都可以找到一对互补的色光。在色度坐标图中,从光谱轨迹的任一点通过 C 点画一直线抵达对侧光谱轨迹的一点,这条直线两端的颜色互为补色,如图 1.4.5 中的红色虚线。紫红色段的非光谱色(图 1.4.5 中直线部分对应的颜色)可用该非光谱色的补色的波长后面加一个字母 C 来表示,如 536C 表示该紫红色是 536 nm 绿色的补色,如图 1.4.5 中的黑色虚线。在色度坐标图中,对于任意两点间的光色,过两点连一条直线,则这两种光色混合而成的光色也总在这条直线上;若该直线不穿过白色区,则这两点的光色不能称为互补色。

(3)色域:色域是指显示设备(如各种显示屏幕、打印机或印刷机)所能显示的颜色数量或范围,也指一个技术系统能够产生的颜色数量的总和。人眼有人眼的色域,设备有设备的色域。现代显示设备中常用三原色,根据混色原理,将显示设备采用的红、绿、蓝三原色的色坐标定位在 CIE 1931 XYZ 色度图中,然后将三个坐标点连接,即可得到显示设备对应的色域三角形,如图 1.4.6 所示。色域三角形围成的区域是显示设备三原色混合能得到的所有颜色,即显示设备能表现的所有颜色。三原色单色性越好,三角形顶点越靠近色度图边沿,三角形面积越大,表明显示设备的色域范围越大,能够显示的色彩越丰富。人眼的色域是色度图中整个马蹄形区域,比大多数显示设备的色域宽广。在实际应用中,如彩色电视、彩色摄影(乳胶处理)或其他颜色复现系统都需要选择适当的红、绿、蓝三原色,来复现白色和其他各种颜色,并应使三角形尽可能包括较大面积,同时连线应尽量靠近光谱轨迹线,以复现比较饱和的红、绿、蓝等颜色。

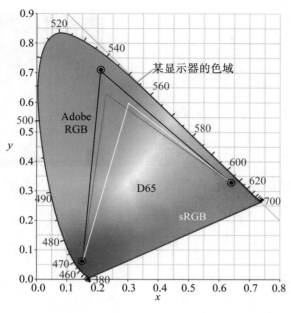

图 1.4.6　色域示意图

1.4.3　颜色相加、相减混合规律

自然界的颜色成千上万,根据色度学原理,所有颜色均可由红、绿、蓝三原色匹配相加生成。在图 1.4.7(a)中,以三原色坐标点 R、G、B 为顶点围成的三角形内的所有颜色,均可以由三基色按一定的量匹配生成,如颜色 M 可先由颜色 G 和 R 生成颜色 Q,再由颜色 B 与颜色 Q 按一定的量生成颜色 M。图 1.4.7(a)中 E 点($x=y=1/3$)为等能白光色坐标点,A 点($x=0.4476$, $y=0.4075$)为 A 标准光源色坐标点(溴钨灯的色坐标点与此相近)。图 1.4.7(b)是三原色重叠相加混合的效果图,红、绿色相加混合可产生黄色、橙色或棕色,绿、蓝色相加混合可产生青色(cyan)或蓝绿色,红、蓝色相加混合可产生紫红色或品红色(magenta,是光谱上没有的颜色,称为"谱外色")。适当比例的三原色混合也可产生其他颜色。CIE 1931xyz 色度图定义的单色基色的波长分别为 435.8 nm(紫色)、546.1 nm(绿色)和 700 nm(红色),色域三角形的顶点在光谱轨迹线上,对应着一个尽量大的三角形区域。因为在这个波段的紫光和红光的光视效能(luminous efficiency)很低,所以实际显示设备很难达到这样大的色域空间。因为激光显示的单色性好,所以适当选择三原色波长,可以实现大的色域空间。

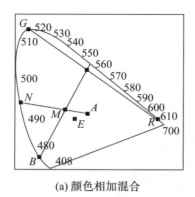
(a) 颜色相加混合

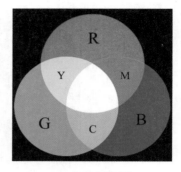
(b) 加法混色图

图 1.4.7　颜色相加混合及加法混色图

由于红、绿、蓝三原色能混合产生所有的颜色，所以用白光减去三原色产生的补色（称为"减法三原色"，即黄色＝白色－蓝色，品红色＝白色－绿色，青色＝白色－红色）进行混合也能产生所有的颜色。改变减法三原色（黄、品红、青）滤色片的密度，就能控制透过的红、绿、蓝光的通量。减法三原色密度大时，可吸收较多的红、绿、蓝光，则黄、品红、青三色光的颜色较浓；密度小时，透过较少的红、绿、蓝光，则黄、品红、青三色光的颜色较淡。这也是扩印彩色照片时矫正偏色的方法。图 1.4.8 是黄（Y）、品红（M）、青（C）三原色重叠相加混合的效果图。

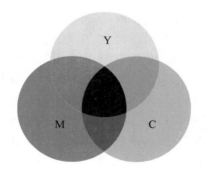

图 1.4.8　黄、品红、青三原色重叠相加混合

1.4.4　眼睛对光与颜色响应

1.4.4.1　三原色的选取与人眼感色

人眼视网膜中有视锥细胞和视杆细胞两种含有光敏物质的感光细胞。视锥细胞具有较高分辨率和颜色分辨能力；视杆细胞的视觉灵敏度比视锥细胞高数千倍，但不能辨别颜色。视锥细胞中有感红细胞、感绿细胞、感蓝细胞三种感色视锥细胞。

在色彩感觉形成的过程中，颜色与光源、眼睛和大脑三个要素有关，因此对于三原色的选择，涉及光源的波长和能量、人眼的光谱响应等因素。在色彩学中，三原色的确定既与光的色谱特性有关，又与人眼的视觉生理效应有直接关系。

三原色的本质是三原色具有独立性，三原色中任何一种颜色都不能用其余两种颜色合成。另外,三原色应具有尽可能大的混合色域,其他颜色可由三原色按一定的比例混合而成,并且混合后得到的颜色数目最多。

从能量角度来看,色光混合是亮度的叠加,混合后的色光必然要亮于混合前的各个色光,只有明亮度低的色光作为原色才能混合出数目比较多的色彩。若用明亮度高的色光作为原色,混合后的色光更亮,这样就永远不能混合出那些明亮度低的色光。同时,三原色应具有独立性,不能集中在可见光光谱的某一段区域内,否则,不仅不能混合出其他区域的色光,而且所选的原色也可能由其他两种色光混合得到,失去其独立性。

在白光的色散试验中,我们可以观察到红、绿、蓝三种颜色比较均匀地分布在可见光谱区的三个相互独立的区域内,而且占据较宽的区域。如果适当地转动三棱镜,使光谱线宽变窄,就会发现色光所占据的区域有所改变。在变窄的光谱上,红、绿、蓝三色光的颜色最显著,其余色光颜色逐渐减退,有的差不多已消失。红、绿、蓝三种色光的波长范围分别为 600~700 nm、500~570 nm、400~470 nm。在色彩学中,一般将整个可见光谱分成蓝光区、绿光区和红光区。

从人的视觉生理特性来看,人眼视网膜的三种视锥细胞(即感红细胞、感绿细胞、感蓝细胞)分别对红光、绿光、蓝光敏感。当其中一种视锥细胞受到较强的刺激时,就会引起该细胞的兴奋,人便可识别这种色彩。人眼的三种视锥细胞具有合色的能力。当某一复合色光刺激人眼时,视锥细胞可将其分解为红、绿、蓝三种单色光,然后混合成一种颜色。正是由于这种合色能力,人才能识别红、绿、蓝三种颜色之外的颜色。

综上所述,色光中存在三种最基本的色光,它们的颜色分别为红色、绿色和蓝色。这三种色光既是白光分解后得到的主要色光,又是混合色光的主要成分,并且能与人眼视网膜细胞的光谱响应区间相匹配,符合人眼的视觉生理效应。这应当是在长期的自然选择中形成的。三种基本色光以不同比例混合,几乎可以得到自然界中的一切色光,混合色域最大;而且这三种色光具有独立性,其中一种色光不能由另外的色光混合而成。为了统一认识,1931 年 CIE 规定了三原色的波长分别为 700.0 nm、546.1 nm、435.8 nm。在颜色匹配实验中,当三原色的相对亮度比例为 1.0000：4.5907：0.0601 时(单位为 lm),能匹配出等能白光(5.6508 lm),所以 CIE 选取这一比例作为红、绿、蓝三原色的单位量。尽管这时三原色的亮度值并不等,但 CIE 把每一种原色的亮度值作为一个单位看待,所以色光加法中红、绿、蓝三原色光等比例混合结果为白光,即红光＋绿光＋蓝光＝白光。

1.4.4.2　人眼的视觉函数/视见函数/光效能函数——人眼的光谱灵敏度

人眼对不同波长的光有不同的灵敏度(响应),且不同的人也常有差异。对大量具有正常视力的观察者进行实验,结果表明:在较明亮的环境中,人眼对 0.555 μm 左右的光最敏感;在较暗的环境中,人眼对 0.512 μm 的光最敏感。图 1.4.9 是人眼视见函数曲线,表 1.4.2 是明视觉下视见函数表。

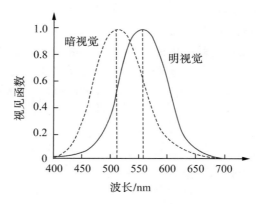

图 1.4.9　人眼视见函数曲线

表 1.4.2　明视觉下视见函数表

波长/nm	视见函数	波长/nm	视见函数	波长/nm	视见函数
380	0.00004	515	0.6065	650	0.107
385	0.00008	520	0.71	655	0.084
390	0.00012	525	0.786	660	0.061
395	0.00026	530	0.862	665	0.0465
400	0.0004	535	0.908	670	0.032
405	0.0008	540	0.954	675	0.0245
410	0.0012	545	0.9745	680	0.017
415	0.0026	550	0.995	685	0.0126
420	0.004	555	0.995	690	0.0082
425	0.0078	560	0.995	695	0.00615
430	0.0116	565	0.9735	700	0.0041
435	0.0173	570	0.952	705	0.0031
440	0.023	575	0.911	710	0.0021
445	0.0305	580	0.87	715	0.001575
450	0.038	585	0.8135	720	0.00105

续表

波长/nm	视见函数	波长/nm	视见函数	波长/nm	视见函数
455	0.049	590	0.757	725	0.000785
460	0.06	595	0.694	730	0.00052
465	0.0755	600	0.631	735	0.000385
470	0.091	605	0.567	740	0.00025
475	0.115	610	0.503	745	0.000185
480	0.139	615	0.442	750	0.00012
485	0.1735	620	0.381	755	0.00009
490	0.208	625	0.323	760	0.00006
495	0.2655	630	0.265	765	0.000045
500	0.323	635	0.22	770	0.00003
505	0.413	640	0.175	775	0.0000225
510	0.503	645	0.141	780	0.000015

1.4.4.3　视觉暂留与时序合色

（1）视觉暂留：视觉暂留效应是指在光停止作用后视网膜对光所产生的视觉效应仍保留一段时间的现象。这是由视神经反应速度慢造成的,视神经的反应时间是二十四分之一秒。

视觉暂留是动画、电影等视频显示技术和视觉媒体形成和传播的根据。帕尔（phase alteration line，PAL）制和国家电视标准委员会（national television standards committee，NTSC)制是两种视频模式的标准。PAL 制采用逐行倒相正交平衡调幅的技术,每秒 25 帧,在亚洲和欧洲电视台较为常用。NTSC 制采用正交平衡调幅的技术,每秒 29.97 帧,美国、加拿大常用 NTSC 制。高帧率可以得到更流畅、更逼真的动画;每秒帧数越多,所显示的动作就会越流畅。

视觉暂留也为显示技术中的时序合色提供了可能。

（2）时序合色:时序合色是一种利用视觉暂留效应实现颜色合成的方法。当两种或两种以上的色光在视觉暂留时间内按时间先后顺序连续刺激人的视觉器官时,会使人产生一种新的色彩感觉。图 1.4.10 所示是数字光处理（digital light processing，DLP）投影显示系统用快速旋转的、由三原色滤色片（color filter）组成的色轮（color wheel）实现时序合色的示意图。

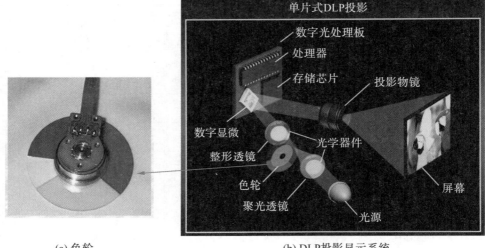

图 1.4.10　DLP 投影显示系统的时序合色

1.4.4.4　人眼的角分辨率(最小分辨角)与空间合色

(1)人眼的角分辨率:当空间平面上的两个黑点相互靠近到一定程度时,离开黑点一定距离的观察者就无法区分它们,这意味着人眼分辨景物细节的能力是有限的,这个极限值就是分辨率。为了去除距离因素,一般用角分辨率来定义人眼的空间分辨能力,角分辨率以弧度为基础,乘以距离就是空间分辨率。人眼能够分辨的最靠近的两点对人眼所张的视角称为"最小分辨角"。人眼的分辨率由视网膜上视锥细胞排列的精细度、人眼光学系统的衍射与像差所决定。研究表明,人眼的角分辨率有如下特点:①当照度太强、太弱或背景亮度太强时,人眼分辨率降低。②当视觉目标运动速度加快时,人眼分辨率降低。③人眼对彩色细节的分辨率比对亮度细节的分辨率差,若人眼对黑、白两色的分辨率为1,则黑、红两色的分辨率为 0.4,绿、蓝两色的分辨率为 0.19。

人眼观看物体时能够看清的视场区域,对应的双眼视角大约是 35°(横向)×20°(纵向)。在中等亮度、中等对比度条件下,在距离 1.00 m 处,人眼能够分辨的两点之间的最小距离约为 0.29 mm,对应的最小分辨角约为 1.5′。

(2)空间合色:空间合色是利用人眼空间分辨率有限特性,实现颜色合色的一种方法。在显示技术中,空间合色有空间分离和空间叠加两种实现方式。

空间分离合色是指利用空间相互临近的三个像元分别显示不同比例的三原色,当人们在超出人眼分辨能力的距离处观察物体时,三个像元在视觉上合成为一个彩色像元。空间分离合色的应用有阴极射线管(CRT)显示器、电脑液晶显示屏及彩色 LED 显示屏幕等。图 1.4.11 是空间分离合色原理。

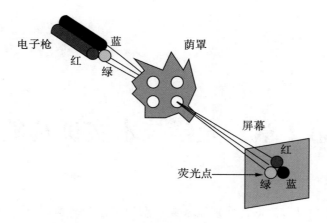

图 1.4.11　空间分离合色原理

空间叠加合色是指利用三路同轴合光在同一个像元位置,将三原色按一定比例相加来合成一个彩色像元,或者将分别显示三原色的三个像元利用三路同轴合光合成为一个彩色像元。图 1.4.12 是空间叠加合色原理。

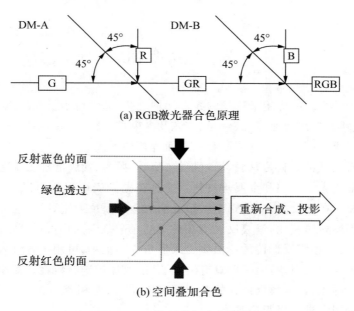

图 1.4.12　空间叠加合色原理

第 2 章　光学技术实训基础

光学系统的主要功能之一是实现能量或信息的传输和转换,其中可以包含多个子系统。组成光学系统的元器件可分为有源(active)器件和无源(passive)器件两大类。有源器件具有能量转换功能,如电光源可将电能转换为光能、光电探测器可将光能(光信号)转换为电能(电信号)。无源器件不转换能量,但会影响能量的空间分布,如反射镜、分束镜、透镜、棱镜和光栅等。光学系统中的无源器件通常被称为"光学元件"。本章主要介绍常用的光学元件。

2.1　反射镜

反射镜是光学系统中应用最广泛的光学元件之一,通常用于折叠或压缩光学系统(即光线/光束或光路偏折)、反射成像、聚光、散光及光束整形等。根据不同的应用需要,反射镜的面形可设计成平面、球面、抛物面及椭球面等多种形式。

反射镜一般以某种材料为基底,经过模铸、研磨、抛光、镀膜等加工工艺制作而成。反射镜的基底多采用光学玻璃和金属等材料。通过在抛光表面镀膜,可以提高反射镜的反射率或实现波长选择性反射,如镀铝、金、银或铜的金属膜反射镜,镀多层介质膜的介质膜反射镜。与铝膜反射镜相比,银膜反射镜在很宽的光谱范围内均可得到很高的反射率;与介质膜反射镜相比,银膜反射镜的反射率受入射角影响很小,可用于各种入射角。介质膜反射镜可获得更高的反射率,但一般具有波长、角度及偏振选择特性。对于不同偏振态的光及不同入射角的光,金属膜反射镜的反射率稍有不同,但相差不大。实际应用中,人们可根据不同的应用需求选择膜层种类。

反射镜的反射膜层表面一般镀有保护膜,可防止氧化,增加使用寿命。

2.1.1　平面反射镜(planar mirrors)

平面反射镜是光学系统中常用的光学元件。如图 2.1.1(a)所示,从点源 P_1 发出、经平面反射镜 M 反射的光,就像从镜面后方关于 P_1 点镜像对称的 P_2 点发出的光。P_2 点是 P_1 点关于平面镜的共轭像点。一束平行光束经平面镜反射后,其传播方向依据反射定律发生偏转,如图 2.1.1(b)所示。

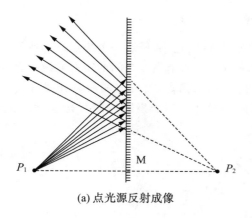
(a) 点光源反射成像

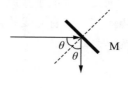
(b) 平行光反射转向

图 2.1.1　平面反射镜反射

2.1.2　抛物面反射镜(paraboloidal mirrors)

抛物面反射镜聚焦平行光如图 2.1.2(a) 所示,抛物面反射镜的反射表面是旋转抛物面,它能够将平行于轴线入射的所有光线/光波会聚到一个焦点 F, $PF = f$ 是该抛物面反射镜的焦距,其中 P 是顶点。抛物面镜通常用作望远镜的聚光元器件[见图 2.1.2(b)],逆光路中抛面反射镜也可用于由点光源产生平行光,如投影仪的照明灯[见图 2.1.2(c)]、探照灯[见图 2.1.2(d)]、闪光灯等。

在微波波段,抛物面反射器由导电性良好的金属制成,通常是由金属网覆盖在内侧面的框架上,金属网槽的宽度必须小于 $\lambda/10$。抛物面天线是一种定向微波天线,由抛物面反射器和辐射器组成,辐射器装在抛物面反射器的焦点或焦轴上;辐射器发出的电磁波经过抛物面的反射,形成方向性很强的波束。

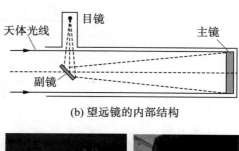
(b) 望远镜的内部结构

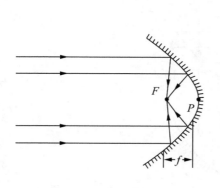
(a) 抛物面反射镜聚焦平行光

(c) 投影仪的照明灯

(d) 探照灯

图 2.1.2　平面反射镜反射

2.1.3 椭球面反射镜(elliptical mirrors)

椭球面反射镜的反射表面是旋转椭球面,其特点是:从任意一个焦点发出或通过该焦点的光,经椭球面反射镜后都会会聚到另一个焦点,两个焦点之间的所有光线符合等光程条件。椭球面反射镜的工作原理如图 2.1.3 所示,从焦点 P_1 发出的所有光线都会会聚到另一个焦点 P_2,且所有光线等光程。椭球面反射镜可用于投影仪照明光源、聚光光学系统及成像光学系统等。

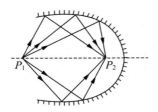

图 2.1.3 椭球面反射镜的工作原理

2.1.4 球面反射镜(spherical mirrors)

球面反射镜比抛物面反射镜和椭球面反射镜更容易加工制作,但它既没有抛物面反射镜的聚光特性,也没有椭球面反射镜的成像特性。平行于轴线(球心 C 和球面顶点 V 的连线,即图 2.1.4 中的点画线)入射的光线不能会聚于一点,而是与轴线相交于不同的位置,相邻光线的交点的轮廓线(即图 2.1.4 中的虚线)称为"焦散曲线"(caustic curve)。光线离轴线越远,焦散越大。只有近轴或傍轴光线(paraxial rays)才可以近似地看作会聚于轴上的同一点。

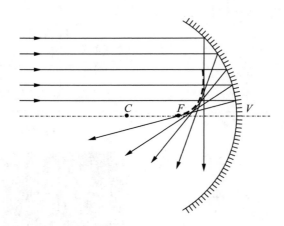

图 2.1.4 沿光轴入射的平行光经凹球面反射镜的反射

图 2.1.5 所示是一个曲率半径为 R、曲率中心位于 C 点的凹面反射镜的反射。与轴线夹角 θ 很小(满足 $\sin\theta \approx \theta$)的光线被称为"近轴光线"或"傍轴光线"。在傍轴近似(paraxial approximation)下只考虑傍轴光线,称为"傍轴光学"(paraxial optics),也称为

"一阶光学"（first-order optics）或"高斯光学"（gaussian optics）。只有对于傍轴光线，球面反射镜才近似具有类似于抛物面反射镜的聚焦特性和椭球面反射镜的成像特性；从轴上任一点 P_1 发出的傍轴光线，经过球面反射镜反射后会聚于轴上的另外一个相应点 P_2。P_1 和 P_2 之间满足如下关系：$1/z_1 + 1/z_2 = 1/f$，其中 z_1 和 z_2 为 P_1 和 P_2 对应的横坐标，$f = -R/2$，为球面反射镜的焦距。

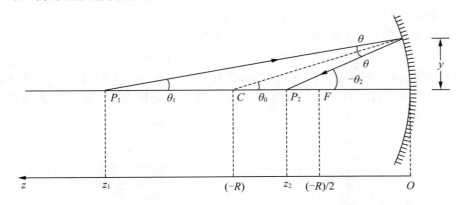

图 2.1.5　傍轴光线经凹球面反射镜的反射

傍轴近似下，一个曲率半径为 R 的球面反射镜，类似于焦距 $f = R/2$ 的抛物面反射镜，将平行于轴线入射的近轴光线会聚于点 F，这个点被称为"焦点"，点 F 与球心 C 的距离为 $R/2$。这个距离对于凹球面是负值，对于凸球面是正值。上述近似及其结果在实际中是合理的、好理解的，因为在靠近轴的点上，抛物线可以近似为半径等于抛物线曲率半径的圆，如图 2.1.6 所示。

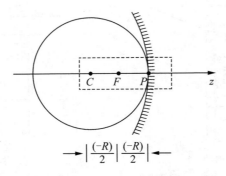

图 2.1.6　傍轴条件下球面反射镜的抛物面镜近似

2.2　透镜

透镜是最常用的光学元件，广泛应用于各种光学系统，如成像系统、照明系统、光波变换/传输系统等。

　　透镜是由介于前后表面之间的光密介质（如各种光学玻璃、光学晶体、光学塑料等），经研磨（或注塑）成型及抛光等加工工艺制作而成的。为了减少界面反射光损耗，高性能光学系统通常要求在透镜表面镀上增透膜或减反膜。

　　透镜种类繁多，性能和用途差异很大。根据前后表面的面形不同，透镜可分为球面透镜、柱面透镜、球形透镜、菲涅尔透镜（Fresnel lens）、非球面透镜、自由曲面透镜等不同类型。根据前后表面的凸凹情况，透镜又可分为双凸透镜、双凹透镜、平凸透镜、平凹透镜及凸凹透镜等不同类型。不同类型透镜结构示意图如图 2.2.1 所示。球面透镜的前后表面是球面的一部分，柱面透镜的前后表面是柱面。二者的区别：球面透镜以前后表面的顶点连线为对称轴，具有旋转轴对称性，而柱面透镜只在一维方向上对光具有会聚或发散作用。不同类型的透镜具有不同的性质和功能，实际中需要根据不同的应用需求来选取不同类型的透镜。

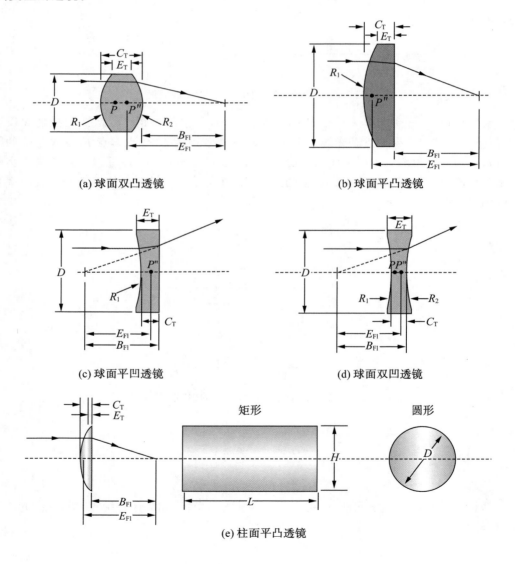

(a) 球面双凸透镜　　　　　　　　　　　(b) 球面平凸透镜

(c) 球面平凹透镜　　　　　　　　　　　(d) 球面双凹透镜

(e) 柱面平凸透镜

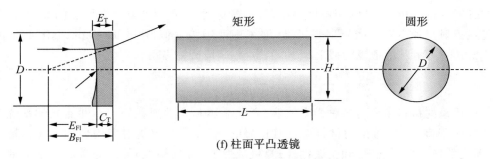

(f) 柱面平凸透镜

图 2.2.1　几种不同类型透镜结构

注:C_T 为中心厚度;E_T 为有效厚度;D 为直径;B_{FL} 为背焦距;E_{FL} 为有效焦距;
　　R_1 和 R_2 为曲率半径;L 为矩形的长;H 为矩形的高。

下面以球面透镜为例简单介绍与透镜有关的概念。

(1)透镜的焦距:在图 2.2.2 所示的球面双凸透镜示意图中,透镜以两个球面为前后界面,其性能参数由前表面的曲率半径 R_1、后表面的曲率半径 R_2、中心厚度 t、透镜材料折射率 n_L 以及透镜前后空间的介质折射率 n 和 n' 确定。球面双凸厚透镜如图 2.2.3(a)所示,入射光线在透镜前表面经过一次折射进入透镜内部,在透镜后表面又经过一次折射出来。根据折射定律,由于透镜具有一定厚度,所以前后表面的折射点与光轴的距离是不同的,透镜设计和实际应用中不能忽略透镜厚度的影响。通常情况下,透镜在空气中使用,此时其前后空间的介质折射率相等,即 $n=n'≈1$。厚透镜的前后焦距 f_1 和 f_2 的关系式如下:

$$\frac{1}{f_1}=\frac{n_L-n'}{nR_2}-\frac{n_L-n}{nR_1}-\frac{(n_L-n)(n_L-n')}{nn_L}\cdot\frac{t}{R_1R_2}$$

$$f_2=-\frac{n'}{n}f_1$$

当 $n=n'$ 时,$f_2=-f_1$。

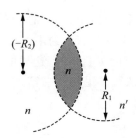

图 2.2.2　球面双凸透镜

(a) 球面双凸厚透镜　　　　　　　　　　**(b) 薄透镜近似**

图 2.2.3　球面双凸厚透镜和薄透镜近似

在进行理论分析时,若透镜厚度很小,为了简化问题,可以忽略透镜厚度的影响,认为入射光线折射点和出射光线折射点等高,即采用薄透镜近似(thin lens approximation),如图 2.2.3(b)所示。薄透镜近似下,$t \rightarrow 0$ 且 $n = n'$ 时,透镜焦距为

$$\frac{1}{f_1} = \frac{n_L - n}{n}\left(\frac{1}{R_2} - \frac{1}{R_1}\right), \quad f_2 = -f_1$$

制作透镜的材料主要有各种光学玻璃、光学晶体和光学塑料等。高性能光学系统对透镜的要求很高,制作透镜的材料应具有良好的光学均匀性(折射率均匀性)、光谱透过率、物理化学稳定性(热涨性和抗腐蚀性)及机械性能(抗划伤性)等。光学玻璃是最常用的制作透镜的光学材料,不同种类的光学玻璃具有不同的折射率和光谱透过率,其中 K9(BK7)玻璃和熔融石英(fused silica)是最常用的两种。K9(BK7)玻璃的透射光谱范围为 $0.380 \sim 2.1 \ \mu m$,在波长 588 nm 处的折射率为 1.5168;熔融石英的透射光谱范围为 $0.185 \sim 2.3 \ \mu m$,在波长 588 nm 处的折射率为 1.45846。设计和制作透镜时应当根据应用需求选用不同的光学玻璃材料。

(2)像差与光学成像镜头设计:理想的透镜或光学成像镜头应该能将同一物点发出的不同角度和不同波长的光线会聚到同一点,并且能将物空间前、后、左、右不同位置的物点按照同样的缩放比例成像于像空间的相应位置,即理想成像。但实际的透镜或光学成像镜头,存在着远轴区产生的实际像与近轴区产生的理想像之间的偏离。此时从物体上任意一点发出的光束通过光学系统后不能会聚为一点,而形成一个弥散斑,使成像不能严格地表现出原物体形状,这就是像差(aberration)。透镜或光学成像镜头存在多种像差,如球差(球面像差,spherical aberration)、慧差(彗星像差,comatic aberration)、畸变(桶形和枕形畸变,barrel and pillow distortion)、像散(astigmatism)、场曲(像场弯曲,curvature of field)和色差(chromatic aberration)等,如图 2.2.4 所示。各种像差的存在使成像质量下降。为了提高光学镜头的成像质量,使之尽量接近理想成像,人们需要通过专门的光学镜头和系统设计来尽量消除这些像差。光学设计的意义:尽管光学系统有一系列像差,而且一般总不能将其完全校正和消除,但由于人眼和所有其他光能接收器也有一定的敏感缺陷,只要使得各种像差的数值小于一个容许的限度,人眼和其他光接收器还是觉察或反映不出其成像的不完善性。从实用意义上来说,这样的光学系统可认为是理想的。有关像差和光学镜头设计的理论和方法可参见相关书籍。

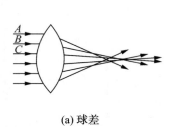

(a) 球差　　　　　　　　　　　　　　　　(b) 慧差

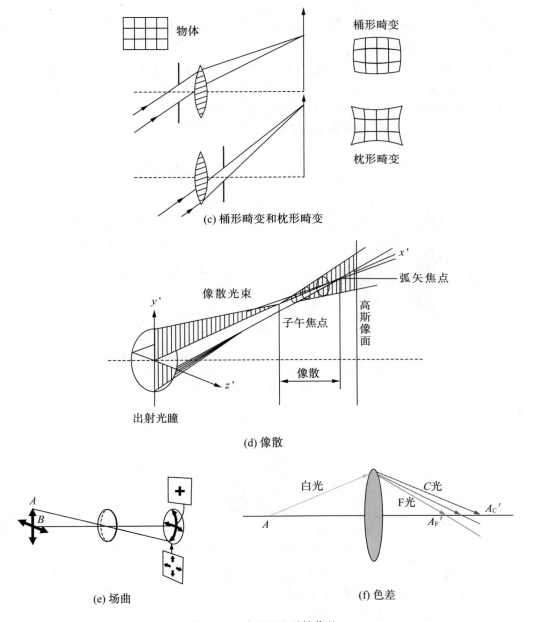

(c) 桶形畸变和枕形畸变

(d) 像散

(e) 场曲

(f) 色差

图 2.2.4 球面双凸透镜像差

2.3 棱镜

棱镜是用光密介质(如光学玻璃、光学晶体、光学塑料)经过切割、研磨、抛光和镀膜等加工工艺制成的多面体形光学元件,具有多种形状、类型和用途,被广泛应用于光谱仪器、激光研究与激光光学系统、光学成像仪器、光学测量仪器、机器视觉、生命科学与生物医疗等领域。在光学系统中，人们常用一个棱镜来代替几个反射镜来减少潜在的校准错误，提高准确性，减少系统的规模和复杂性。

工作于空气中的顶角为 α、折射率为 n 的棱镜，将入射角度为 θ 的光线偏折一个角度 θ_d，$\theta_d = \theta - \alpha + \sin^{-1}[(n^2 - \sin^2\theta)^{1/2}\sin\alpha - \sin\theta\cos\alpha]$，如图 2.3.1(a)所示。$n = 1.5$ 时，顶角 α 取不同值时偏折角 θ_d 随入射角 θ 的变化曲线如图 2.3.1(b)所示。当顶角 $\alpha = 45°$ 且入射角 $\theta \to 0°$ 时，直角等边棱镜内发生全反射，使光线偏折 $90°$，如图 2.3.2 所示。

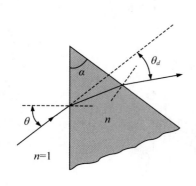

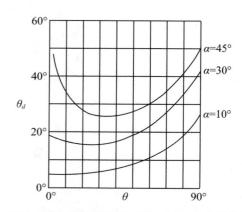

(a) 光线经棱镜折射偏转　　　　　(b) 顶角 α 取不同值时偏转角 θ_d 随入射角 θ 的变化曲线

图 2.3.1　光线经棱镜折射

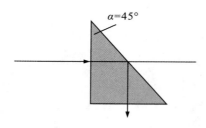

图 2.3.2　直角等边棱镜内的全反射

顶角 α 很小的薄棱镜通常被称为"光学楔形板"或"光楔"(optical wedge)，如图 2.3.3 所示。当入射角 θ 也很小(满足傍轴近似)时，偏折角 $\theta_d \approx (n-1)\alpha$，偏折角与入射角几乎无关，这从图 2.3.1(b)中也可以看出。

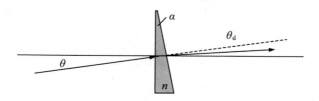

图 2.3.3　光学楔形板光线偏折

从图 2.3.1(b)中可以看出,当入射角度 θ 变化时,偏折角 θ_d 存在最小值,称为"最小偏向角",记为 $\theta_{d,\min}$。此时,入射光线和出射光线关于三棱镜对称分布,三棱镜内的光线平行于其底边,如图 2.3.4 所示。最小偏向角 $\theta_{d,\min}$ 满足关系式 $n = \sin[(\alpha + \theta_{d,\min})/2]/\sin(\alpha/2)$。在已知顶角 α 的条件下,测量 $\theta_{d,\min}$,利用该式可以计算出三棱镜的折射率,这是精确测量光学材料折射率的常用方法之一。

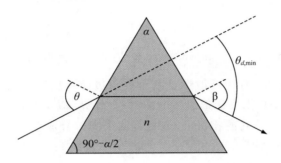

图 2.3.4 等腰三棱镜最小偏向角示意图

棱镜具有多种结构类型和用途,就其结构形式而言,可分为直角棱镜、五角棱镜 (penta prism)、道威棱镜、屋脊棱镜、角锥棱镜(角反射镜)、楔形棱镜(光楔)、等边三棱镜等;就其改变光线传播方向的方式而言,可分为折射棱镜和反射棱镜;就其作用或用途而言,可分为偏转棱镜、旋转棱镜、色散棱镜、偏移棱镜、分束棱镜、起偏棱镜等。偏转棱镜使出射光线的方向相对于入射光线的方向发生改变或转向;旋转棱镜使图像左右或上下旋转,即改变图像的取向;色散棱镜基于材料色散和折射实现光谱分光;偏移棱镜使光束或图像侧移;分束棱镜使一束光分离成两束光;起偏棱镜使非偏振光变为偏振光。偏转、偏移和旋转棱镜常用于成像,色散棱镜常用于光谱分析仪器。下面介绍几种常用棱镜。

(1)直角棱镜:直角棱镜是其中一个顶角为 90° 的棱镜。根据角度和使用方式不同,直角棱镜可使光线转折 60°、90°、180°,或使入射图像产生不同形式的旋转。将两个直角棱镜结合使用还可使图像或光束产生侧向偏移。直角棱镜常用于内窥镜和显微镜等仪器及激光校准。

①45°-45°-90°直角棱镜:用于偏转光线 90°、180° 和旋转图像,如图 2.3.4 所示。

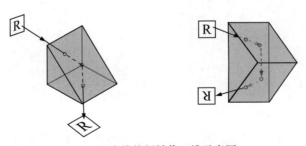

(a) 光线偏折转像三维示意图

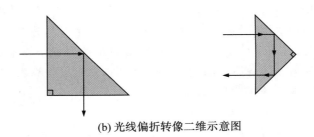

(b) 光线偏折转像二维示意图

图 2.3.4   45°-45°-90°直角棱镜的光线偏折转像示意图

②90°专用反射镜：90°专用反射镜是两个直角边面镀反射膜、斜面不镀膜的直角棱镜。90°专用反射镜两个反射表面形成一个精准的 90°角，以 180°将单个成像镜头的图像分成两个，分别用在两个不同的相机上，或者将两个图像合成在一个相机中。90°专用反射镜的光线传播示意图如图 2.3.5 所示。

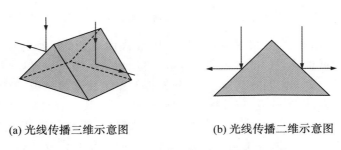

(a) 光线传播三维示意图   (b) 光线传播二维示意图

图 2.3.5   90°专用反射镜的光线传播示意图

（2）五角棱镜：五角棱镜是具有 90°光线偏转及右旋性的棱镜，其反射面镀铝膜。五角棱镜的光线传播示意图如图 2.3.6 所示。稍微移动五角棱镜不会对反射光线造成太大的影响，并能使其成为光学系统中定义直角的最佳光学工具。五角棱镜常用于视觉瞄准、投影显示、照相机、测量等领域。

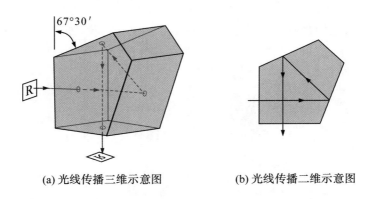

(a) 光线传播三维示意图   (b) 光线传播二维示意图

图 2.3.6   五角棱镜的光线传播示意图

（3）光管：光管又称"匀光管"或"导光管"或"积分棒"（见图 2.3.7），内部采用全反射原理,将非均匀照明光源转换成特定形状的均匀照明光源,实现光束的匀光整形。光管性能与光源光谱特性无关,适用于宽光谱光源,被广泛应用于投影仪、微投影仪、微显示中继系统、激光散斑衰减器、LED 照明灯等。孔径小的光源需要较长的光管来使光线均匀化,而孔径大的光源使用较短的光管即可使光线均匀化。光管有均匀柱体和锥形柱体等多种形式,其入射面和出射面有矩形、方形和六角形等形状。与矩形光管或方形光管相比,六角光管可使光损失降低 35%,而锥形光管可以缩小输出孔径。

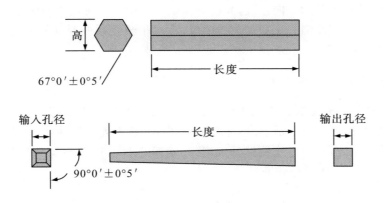

图 2.3.7　用于光束匀光和整形的匀光管

(4)等边三棱镜或色散棱镜(equilateral prism or dispersion prism):用于色散分光的等边三棱镜如图 2.3.8 所示。等边三棱镜的三个角都为 60°,主要用于将不同波长的光分开,所以也被称为"色散棱镜",被广泛应用于光谱分析仪器。

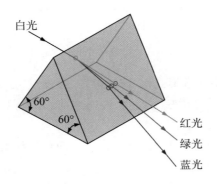

图 2.3.8　用于色散分光的等边三棱镜

2.4　偏振光学元件

偏振光学元件是一类用于获得特定偏振光、检测偏振光和改变光偏振态的光学元件,应用领域广泛。在光学成像系统中,偏振光学元件用于减少眩光以增强对比度;在光学测量与检测系统中,通过光偏振态的变化或偏振光干涉,偏振光学元件用于测量材料的光学参数,检测磁场、温度和应力分布及测定分子结构;在激光光学系统中,偏振光学元件用于提高激光功率和性能。

根据功能和作用,偏振光学元件可分为线偏振片/线偏光镜(linear polarizer)、圆偏振片(circular polarizer)、波片/相位延迟器(waveplates/retarders)、立方偏振分光棱镜(cubic polarization beam splitter)、消偏振光元件(depolarizers)等。根据所用材料或原理不同,偏振光学元件可分为二向色性、晶体和线栅等类型。二向色性偏振片具有较高的性价比;晶体偏振片具有高消光比和高损伤阈值,常用于激光系统及其相关应用系统;线栅偏振片适用于宽带应用。

2.4.1 线偏振片/线偏光镜

线偏振片用于从非偏振光中获得线偏振光。线偏振片通光原理如图 2.4.1 所示,线偏振片 A 和 B 的透振方向分别沿 SN 和 EW 方向;非偏振光经线偏振片 A 后变成沿 SN 方向振动的线偏振光;再经过线偏振片 B,若线偏振片 B 的透振方向 EW 与线偏振片 A 的透振方向 SN 正交,则无光线通过。

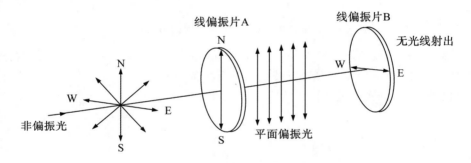

图 2.4.1 线偏振片通光原理

线偏振片的主要参数指标有消光比、波长范围、透过率、有效孔径、入射角、表面质量、平行度、尺寸及尺寸容差、厚度及厚度容差、传输波前、光束偏移(弧分)、基底、偏振轴标记、工作温度等。

根据原理和结构不同,线偏振片可分为吸收/二向色性线偏振片(absorptive/dichroic polarizers)、纳米线偏振片(nanoparticle polarizers)、金属线栅偏振片(wire grid polarizers)、晶体线偏光镜(crystalline polarizers)、薄膜线偏振片(thin film polarizers)和布儒斯特窗(brewster windows)等不同类型。

2.4.2 圆偏振片

圆偏振片用于从非偏振光中获得圆偏振光,有左旋偏振及右旋偏振两种。圆偏振片有两种结构形式:一种是线偏振片和四分之一波片组合;另一种是在塑料基片上黏合聚合物偏振膜,塑料基片能提高偏振片的耐久性,便于根据应用需求进行剪裁。圆偏振片在 400~700 nm 的可见光波段内具有良好的透射率,非常适用于减少各种成像应用中的眩光,提高显示器在光亮环境中的可视性。

2.4.3　波片/相位延迟片

波片也叫"相位延迟片",是一种通过两个相互正交的偏振分量产生特定光程差(或相位差)而改变光偏振态的光学元件。制作波片的主要材料有石英、云母、方解石等双折射晶体和高分子聚合物等。入射光通过不同类别参数的波片时,出射光的偏振态不同,可有线偏振光、椭圆偏振光、圆形偏振光等。波片有胶合零级二分之一波片、胶合零级四分之一波片、多级二分之一波片、多级四分之一波片等不同类型。胶合零级波片也叫"复合波片",是将两个多级波片胶合在一起,通过将一个波片的快轴和另一个波片的慢轴对准来消除全波光程差,从而把所需光程差留下的波片。胶合零级波片能改善温度对波片的影响,但也增加了波片延迟量对入射角度和波长的敏感性。多级波片的厚度等于多个全波厚度加一个所需延迟量厚度。多级波片容易生产制造,但是对波长、温度、入射角都很敏感。

2.4.4　立方偏振分光棱镜

立方偏振分光棱镜能把一束入射的非偏振光分成两束振动方向相互垂直、传播方向也相互垂直的线偏振光,其中 P 偏振光完全通过,而 S 偏振光以 45°角被反射,出射方向与 P 偏振光成 90°角。此类偏振分光棱镜可以由一对高精度直角棱镜胶合而成,其中一个棱镜的斜面上镀有偏振分光介质膜。立方偏振分光棱镜的分光原理如图 2.4.2 所示。

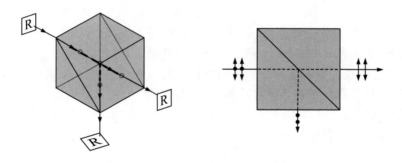

图 2.4.2　立方偏振分光棱镜的分光原理

2.4.5　消偏振光元件

在某些光学系统中,线偏振光是不受欢迎的,例如在反射式光谱仪中,偏振效应会影响探测器的灵敏度。消偏器是能够把偏振光或部分偏振光变为非偏振光的光学元件,用于将偏振光变为非偏振光。洛埃特(Lyot)消偏器由两个以特别位置放置的石英波片组成,两个波片拼在一起总长为 l,如图 2.4.3 所示。两个波片的厚度比为 2∶1,光轴夹角为 45°,可产生不同程度的椭圆偏振光和线偏振光,从而消除了入射光束的偏振。Lyot 消偏器适用于多色光,波长范围为 200～2300 nm。

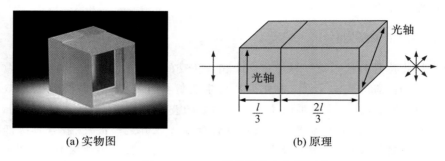

(a) 实物图   (b) 原理

图 2.4.3　Lyot 消偏器的实物及原理

2.5　衍射光栅

　　衍射光栅(diffraction gratings)是能够实现光波振幅和/或相位周期性调制的一类光学元件,被广泛应用于生化仪器、光谱仪器、分光光度计等相关产品或相关领域中。衍射光栅从不同角度可以分为不同类型,如反射光栅和透射光栅、平面光栅和立体光栅、振幅光栅和相位光栅、刻划光栅和全息光栅等。光栅可以看作是由一系列等距平行刻线组成的光学元件,它是利用光的衍射和干涉原理进行分光的一种色散元件。

　　光栅衍射示意图如图 2.5.1 所示,虚线为光栅面的法线,波长为 λ 的单色平行光入射到光栅上,入射角为 θ_i(即入射方向与栅面法线夹角),光栅衍射方程为 $d(\sin\theta_i \pm \sin\theta_{d,m}) = m\lambda$,其中 d 为光栅周期;m 为衍射级次,可取 $0, \pm1, \pm2, \cdots$;$\theta_{d,m}$ 是相应衍射级次的衍射角,相应得到的光谱为零级光谱、一级光谱、二级光谱……＋、一号分别表示入射角和衍射角在法线的同侧或异侧。衍射光栅可将复色光(白光)分离成各种组分(即各种颜色的光)。从光栅衍射方程可以看出,对于零级谱($m=0$),不同波长的光的衍射角相同,总是等于入射角,无法将不同波长的光分开,即无色散效应。只有高级次谱($m\neq0$)才有色散效应,级次越高色散效应越明显。

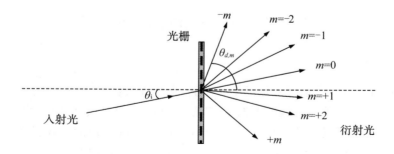

图 2.5.1　光栅衍射示意图

2.6　光学滤光片

光学滤光片(optical filters)是一类能够选择性透射或反射部分光谱、截止或衰减其余部分光谱的光学元件。光学滤光片被广泛应用于光谱分析、成像系统、激光系统、生物医学、机器视觉、荧光显微、工业自动化等领域。

按照功能,光学滤光片可分为带通滤光片、长波通滤光片、短波通滤光片、二向色滤光片、中性密度滤光片(ND filter)、有色玻璃滤光片、陷波滤光片、冷反射镜、热反射镜等。冷反射镜和热反射镜可以有针对性地反射和透射光谱范围中波长较长的光,因此被广泛应用在照明系统中,有利于减少照明系统中产生的热量。

按滤光原理,光学滤光片可分为干涉滤光片和颜色吸收滤光片。带通滤光片、长波通滤光片、短波通滤光片、二向色滤光片及陷波滤光片一般都镀有介质膜,基于薄膜干涉原理工作。有色玻璃滤光片是在玻璃熔炼过程中添加特殊元素,从而实现吸收不同波段光谱,透过其他波段光谱的。中性密度滤光片通过镀金属膜或材料的吸收作用来反射或吸收部分光谱。

2.6.1　带通滤光片

带通滤光片在一定光谱范围内有选择性地允许某段光谱透过,阻止其他光谱透过,即只允许部分光谱通过,常用于透射一部分光谱,截止其他光谱。带通滤波片的主要性能指标有中心波长(CWL)、半峰全宽(FWHM)和透过率等,如某型号带通滤色片的中心波长为 532 nm,半峰全宽为 3 nm,透过率大于 35%。带通滤光片适用于各种领域,如光谱学、临床化学或成像。

2.6.2　长波通滤光片和短波通滤光片

长波通滤光片允许波长大于设定波长的光通过,波长小于设定波长的光截止;短波通滤光片则相反。长波通滤光片和短波通滤光片的主要性能指标有中心波长、透射带、截止带等,如某型号长波通滤光片的中心波长为 525 nm、透射带为 540~2000 nm、截止带为200~510 nm,某型号短波通滤光片的中心波长为 525 nm、透射带为300~515 nm、截止带为 540~740 nm。长波通滤光片和短波通滤光片可广泛应用于荧光激发光谱测量、拉曼光谱、光谱分组及天文观测等领域,还可广泛用于成像光学系统、机器视觉系统,用来剔除可用波段以外的干扰光,极大地提高成像清晰度和系统的灵敏度。

2.6.3　二向色滤光片

二向色滤光片可用于透射长于起始波长或短于截止波长的光波,有长波通型滤光片和短波通型滤光片两种。二向色滤光片主要性能指标参数有中心波长、反射带和透射带等,如某型号二向色滤色片的中心波长为 650 nm,反射带为 495~615 nm,透射带为670~1200 nm。二向色滤光片可用于荧光激发光谱分析、光束分色分离以及光束合色合光等。

2.6.4 中性密度滤光片

中性密度滤光片有镀金属膜和材料吸收两种,用于均匀地反射或吸收部分光能,减少指定光谱范围的透射率,从而减少光通量。中性密度滤光片在激光光学领域、光电子领域有广泛应用,如常用于成像或激光系统,用来避免强光对相机传感器或其他光学件造成损伤。中性密度滤光片的主要性能指标有光密度、设计波长和所用材料等。

2.6.5 有色玻璃滤光片

因采用材料的固有吸收特性或透射特性,对比于镀介质膜滤光片,有色玻璃滤光片对从不同入射角入射的光束,其中心波长不会变动。有色玻璃滤光片的主要性能指标有中心波长、滤光片颜色和所用材料等。

2.6.6 陷波滤光片

陷波滤光片具有深截止和宽带透过的特性,比较适用于通过截止特定波长来最大化系统性能,因此被广泛应用于基于激光拉曼光谱分析、显微荧光成像以及其他医学系统的应用领域。陷波滤光片的主要性能指标有截止中心波长、半峰全宽、传输波长范围、光密度等,如某型号陷波滤光片的中心波长为 1064 nm,半峰全宽为53.20 nm,传输波长范围为 800~1400 nm,光密度不小于 4.0。

第3章　光学技术基础实验与训练

3.1　几何光学基础实验

3.1.1　光的直线传播

【实验目的】

观察光沿直线传播的现象,理解和探究光沿直线传播的规律及条件。

【实验器材】

室外光源(如太阳光、路灯等)或室内照明光源,低功率红光半导体激光器或激光笔,光具座、导轨或面包板,小孔光阑,扩束镜,带有镂空字符的不透光屏,毛玻璃屏,具有不同孔形和大小的针孔屏,观察白屏,套筒,支柱和调整支架若干。

【实验内容与步骤】

(1)影子的形成

实验内容:观察室内、室外物体的影子,尤其注意观察有多个照明光源同时存在时的重影或伴影现象,记录其现象并分析。

参考步骤:将物体置于室内、室外,分别观察其影子。此实验可在课下完成。

结果分析:记录实验结果,分析实验现象。

(2)观察光的直线传播

实验内容:水平调节激光光束,观察光的直线传播,记录其现象并分析。

参考步骤:①在光具座、导轨或面包板上,将两个小孔光阑分别安装固定在各自的调整支架上,将两个小孔光阑调整为等高,分开一定距离平行放置。②将低功率红光半导体激光器或激光笔安装固定在调整支架上,调整其高低和俯仰,使激光出射的细光束通过两个小孔光阑。

结果分析:记录实验结果,分析实验现象。

(3)小孔成像

实验内容:理解和分析小孔成像的成像原理与规律,包括像的虚与实及像的正立与倒立。

参考步骤:①参照实验(2)的实验步骤,将低功率红光半导体激光器或激光笔出射的细光束调至水平(即平行于导轨或面包板)。②将扩束镜安装固定在调整支架上,调节其高低使之与激光束等高,并使其光轴尽量与激光束共轴,得到扩束后的发散光束。③将带有镂空字符的不透光屏和毛玻璃屏一起安装固定在调整支架上,放置在光路中使字符位于扩束光束的中心。④将针孔屏安装固定在调整支架上,调整其高度使针孔与激光束等高,并放置在字符屏后适当距离处。⑤将观察白屏安装固定在调整支架上,并放置在针孔屏后适当距离处。⑥观察并记录实验现象。改变针孔屏与字符屏、观察白屏及针孔屏之间的距离,观察并记录实验现象。更换不同形状和大小的针孔,重复上述实验并观察实验现象。

结果分析:记录实验结果,分析实验现象。

【实验思考】

(1)光沿直线传播的条件有哪些?

(2)小孔的大小和形状对小孔成像有哪些影响?

3.1.2　光的反射与反射成像

【实验目的】

理解光的反射定律与反射成像。

【实验器材】

低功率红光半导体线激光器(出射光束整形为线状),长方条形反射镜及其放置支架,半圆柱透镜(玻璃或塑料),量角刻度白纸板,半反半透屏(可用茶色玻璃或塑料板替代)及其放置支架,两个相同的白色字符或其他物体,实验桌或面包板。

【实验内容与步骤】

(1)光的反射

实验内容:观察光的反射,初步验证光反射定律。

参考步骤:①将半圆柱透镜平放在量角刻度白纸板上,使其直边与量角刻度图案的直边重合,并使半圆柱透镜的圆心与量角刻度图案的中心重合。②将长条形反射镜的长边贴着半圆柱透镜的直边垂直放置。③调整线激光器,使其出射的线状光束垂直于纸面,从半圆柱透镜的圆边上以一定入射角入射到半圆柱透镜的圆心。④观察反射光束,分析其反射角与入射角的关系。

结果分析:记录实验结果,分析实验现象。

(2)反射成像

实验内容:观察平面反射成像及其特点。

参考步骤:①半反半透屏安装固定在放置支架上,使其竖直放置。②将白色字符或其他物体放置在半反半透屏前,观察其反射成像及像的位置;在半反半透屏后面放置另外一个物体,移动其位置和方位,使其与前面的物体的像重合。③观察平面反射成像,分析其特点。

结果分析:记录实验结果,分析实验现象。

【实验思考】

（1）分析凸面镜和凹面镜的反射成像原理及其特点。

（2）解释哈哈镜成像变形原理。

3.1.3　光的折射与透镜聚焦/散焦

【实验目的】

理解光的折射定律与透镜的聚焦和散焦。

【实验器材】

光具座、导轨或面包板,低功率红光半导体激光器或激光笔,低功率红光半导体线激光器(出射光束整形为线状),半圆柱透镜,量角刻度白纸板,小孔光阑,扩束透镜,准直透镜,球面凸透镜,球面凹透镜,柱面凸透镜,柱面凹透镜,观察屏,调整支架。

【实验内容与步骤】

（1）光的折射

实验内容:观察光的折射现象,初步验证光折射定律。

参考步骤:①将半圆柱透镜平放在量角刻度白纸板上,使其直边与量角刻度图案的直边重合,并使半圆柱透镜的圆心与量角刻度图案的中心重合。②调整线激光器,使其出射的线状光束垂直于纸面,从半圆柱透镜的直边的圆心位置以一定入射角入射到半圆柱透镜上。③观察折射光束,分析其折射角与入射角的关系。

结果分析:记录实验结果,分析实验现象。

（2）透镜的聚焦和散焦

实验内容:观察透镜的聚焦和散焦。

参考步骤:①在光具座、导轨或面包板上,将低功率红光半导体激光器或激光笔安装固定在调整支架上,调整其高低和俯仰,借助两个小孔光阑将出射的细光束调至水平(即平行于导轨或面包板),移走小孔光阑。②将扩束透镜安装固定在调整支架上,调节其高低,使之与激光束等高,并使其光轴尽量与激光束共轴,得到扩束后的发散光束。③将准直透镜安装固定在调整支架上,放置在扩束透镜后面,调节其高低,使之与激光束等高,并使其光轴尽量与激光束共轴,得到平行光束。④将球面凸透镜安装固定在调整支架上,放置在准直透镜后面,调整球面凸透镜高低,尽量使平行光束沿透镜光轴通过。⑤将观察屏安装固定在调整支架上,在球面凸透镜后面不同位置处观察光束的汇聚和发散情况,并记录实验现象。依次更换球面凹透镜、柱面凸透镜、柱面凹透镜,重复上述实验并记录实验现象。

结果分析:记录实验结果,分析实验现象。

【实验思考】

（1）绘图说明光线通过透镜时的折射过程。

（2）球面透镜与柱面透镜的聚焦和散焦的特性有何不同?

（3）解释光线在两种不同介质界面发生折射的原因。

（4）光线在折射率分层变化的介质和折射率渐变的介质中的传播路径是怎样的?

（5）解释蜃景的形成原因。

3.1.4 透镜成像

【实验目的】

定性了解透镜成像原因和规律。

【实验器材】

光具座、导轨或面包板,低功率红光半导体激光器或激光笔,带有镂空字符的不透光屏,毛玻璃屏,扩束透镜,准直透镜,球面凸透镜,球面凹透镜,调整支架。

【实验内容与步骤】

实验内容:透镜成像。

参考步骤:①在光具座、导轨或面包板上,将低功率红光半导体激光器或激光笔安装固定在调整支架上,调整其高低和俯仰,借助两个小孔光阑将出射的细光束调至水平(即平行于导轨或面包板面),移走小孔光阑。②将扩束镜安装固定在调整支架上,调节其高低,使之与激光束等高,并使其光轴尽量与激光束共轴,得到扩束后的发散光束。③将带有镂空字符的不透光屏和毛玻璃屏一起安装固定在调整支架上,作为待成像的物体,并将其放置在光路中,使字符位于扩束光束的中心。④将球面凸透镜安装固定在调整支架上,放置在字符屏后面适当距离处,调整球面凸透镜高低,尽量使其与前面的光路共轴。⑤将观察屏安装固定在调整支架上,放置在球面凸透镜后面不同位置处,寻找清晰像面,观察成像情况。⑥改变字符屏与球面透镜的距离,寻找清晰像面,观察成像的虚实、正倒和缩放;将字符屏与球面凸透镜固定在几个典型距离处,观察并记录成像结果。更换球面凹透镜,重复上述实验并记录实验现象。

结果分析:记录实验结果,分析实验现象。

【实验思考】

(1)分析透镜成像的原理。

(2)总结球面凸透镜成像特点与规律。

(3)总结球面凹透镜成像特点与规律。

3.1.5 光的全反射与光纤导光

【实验目的】

观察光的全反射现象,分析其规律,了解其应用。

【实验器材】

低功率红光半导体激光器或激光笔,玻璃水槽或水杯,三棱镜或直角棱镜,塑料光纤。

【实验内容与步骤】

(1)光的全反射

实验内容:观察全反射现象。

参考步骤:①在水杯中加入适量水,滴入几滴牛奶,将低功率红光半导体激光器或激光笔出射的细光束从水杯侧面以一定角度倾斜向上入射,改变入射角,观察光线在水-空气界面的反射和折射现象。②激光器出射的细光束从棱镜的一个侧面以一定角度入射,改变入射角,观察光线从另外两个侧面出射的情况。

结果分析:记录实验结果,分析实验现象。

(2)光纤导光

实验内容:观察光纤导光。

参考步骤:将低功率红光半导体激光器或激光笔出射的细光束从塑料光纤的端面以一定角度倾斜入射,改变入射角,观察光线在另一端面出射的情况,同时观察光纤侧面的漏光情况。

结果分析:记录实验结果,分析实验现象。

【实验思考】

(1)光纤导光的最大入射角度与哪些参数有关? 试给出关系表达式。

(2)列举光纤导光的应用实例。

3.2　物理光学基础实验

3.2.1　光的干涉

【实验目的】

了解不同分波前干涉装置的结构原理,观察干涉条纹。

【实验器材】

光具座、导轨或面包板,低功率红光半导体激光器,小孔光阑,扩束透镜,准直透镜,观察屏,调整支架,双缝板(缝间距为 1 mm,缝宽为 0.01 mm),菲涅尔双棱镜(棱角为 0.5×10^{-4} rad),2 个平面反射镜。

【实验内容与参考步骤】

在光具座、导轨或面包板上将低功率红光半导体激光器安装固定在调整支架上,调整其高低和俯仰,借助两个小孔光阑将出射的细光束调至水平(即平行于导轨或面包板),移走小孔光阑;将扩束透镜安装固定在调整支架上,靠近低功率红光半导体激光器放置,调节其高低,使之与激光束等高,并尽量使其光轴与激光束共轴,得到扩束后的发散光束。

(1)杨氏双缝干涉

实验内容:观察杨氏双缝干涉。

参考步骤:①将准直透镜安装固定在调整支架上,放置在扩束透镜后面(靠近扩束透镜放置),调节其高低,使之与激光束等高,并尽量使其光轴与激光束共轴,得到平行光束。②将双缝板安装固定在调整支架上,放置在光路中,使之位于平行光束的中心。③将观察屏安装固定在调整支架上,放置在双缝板后面并平行于双缝板,分别在距离双缝板 0.5 m 处和 1 m 处接收光束。

结果分析:观察并记录实验现象。

(2)菲涅尔双棱镜干涉

实验内容:观察菲涅尔双棱镜干涉。

参考步骤:①将准直透镜安装固定在调整支架上,放置在扩束透镜后面,调节其高低,使之与激光束等高,并尽量使其光轴与激光束共轴,稍微拉近准直透镜与扩束透镜,得到稍微发散的发散光束。②将菲涅尔双棱镜安装固定在调整支架上,放置在光路中且使之位于发散光束的中心。③将观察屏安装固定在调整支架上,放置在菲涅尔双棱镜后面并平行于双棱镜,分别在距离双缝板 0.5 m 处和 1 m 处接收光束。

结果分析:观察并记录实验现象。

(3)洛埃镜干涉

实验内容:观察洛埃镜干涉。

参考步骤:①将准直透镜安装固定在调整支架上,放置在扩束透镜后面,调节其高低,使之与激光束等高,并尽量使其光轴与激光束共轴,稍微拉近准直透镜与扩束透镜,得到稍微发散的发散光束。②将平面反射镜 1 放置在一个水平台面上,调整台面的高度,使扩束光束的下半部分掠入射到平面反射镜上进行反射,上半部分直射。③将观察屏安装固定在调整支架上,放置在平面反射镜后面,垂直于反射光束放置,分别在距离双缝板 0.5 m 处和 1 m 处接收光束。

结果分析:观察并记录实验现象。

(4)菲涅尔双面镜干涉

实验内容:观察菲涅尔双面镜干涉。

参考步骤:①将准直透镜安装固定在调整支架上,放置在扩束透镜后面,调节其高低,使之与激光束等高,并尽量使其光轴与激光束共轴,稍微拉近准直透镜与扩束透镜,得到稍微发散的发散光束。②在一个水平台面上,将平面反射镜 1 和平面反射镜 2 前后并列放置,在平面反射镜前侧下方垫纸片,构成菲涅尔双面镜。③调整台面的高度,使扩束光束掠入射到菲涅尔双面镜上。④将观察屏安装固定在调整支架上,放置在菲涅尔双面镜后面,垂直于反射光束放置,分别在距离双缝板 0.5 m 处和 1 m 处接收光束。

结果分析:观察并记录实验现象。

【实验思考】

(1)分析上述不同分波前干涉装置的异同点。

(2)查阅参考书,分析上述不同分波前干涉装置的内在联系。

(3)查阅参考书,对不同分波前干涉装置,分析干涉条纹间距与哪些因素有关。

(4)查阅参考书,了解其他获得相干光束的方法及干涉装置。

(5)查阅参考书,了解光场相干性与哪些因素有关。

3.2.2 光的衍射

【实验目的】

通过实验现象,理解衍射原理,了解单缝衍射、单丝衍射、多缝衍射及光栅衍射,了解菲涅尔圆孔、圆屏、直边衍射,了解菲涅尔圆孔、圆屏衍射和夫琅禾费圆孔、圆屏衍射的现象和区别。观察矩形孔、方形孔、三角孔、某些字符的衍射。

【实验器材】

绿光激光(532 nm),红光激光(632.8 nm),扩束透镜,单缝板 1(缝宽为 0.1 mm),单缝板 2(缝宽为 0.2 mm),单丝板 1(0.1 mm),单丝板 2(0.2 mm),双缝板 1(缝间距为

1 mm,缝宽为 0.1 mm),双缝板 2(缝间距为 1 mm,缝宽为 0.2 mm),双缝板 3(缝间距为 2 mm,缝宽为 0.1 mm),三缝板(缝间距为 1 mm,缝宽为 0.1 mm),四缝板(缝间距为 1 mm,缝宽为 0.1 mm),一维光栅 1(100 线对/mm),一维光栅 2(50 线对/mm),一维光栅 3(150 线对/mm),圆孔 1(半径为 1 mm),圆孔 2(半径为 1.5 mm),圆屏 1(半径为 1 mm),圆屏 2(半径为 1.5 mm),直边屏,带矩形孔(0.4 mm×0.4 mm)、方形孔 (0.4 mm×0.25 mm)、三角孔(0.4 mm × 0.4 mm × 0.4 mm)、字符 A、字符 F 的衍射屏。

【实验内容与步骤】

(1)单缝衍射、单丝衍射、多缝衍射及光栅衍射

实验内容:观察单缝衍射、单丝衍射、多缝衍射及光栅衍射。

参考步骤:①分别用经扩束透镜扩束后的红光激光和绿光激光照射单缝板 1、单缝板 2 和单丝板 1、单丝板 2,并分别在 0.5 m 和 1 m 处接收光束,观察并记录实验现象。对比实验结果,分析波长、缝宽、缝与屏的间距对单缝衍射的影响,分析单缝衍射和单丝衍射的区别和联系。②分别用经扩束透镜扩束后的红光激光和绿光激光照射双缝板 1、双缝板 2、双缝板 3,并分别在 0.5 m 和 1 m 处接收光束,观察并记录实验现象。对比实验结果,分析波长、缝间距、缝宽、缝与屏的间距对双缝干涉的影响,分析双缝衍射与双缝干涉的关系。③分别用经扩束透镜扩束后的红光激光和绿光激光照射双缝板 1、三缝板、四缝板,并分别在 0.5 m 和 1 m 处接收光束,观察并记录实验现象,分析缝数对多缝衍射的影响。④分别用经扩束的红光和绿光激光透镜照射一维光栅 1、一维光栅 1 与一维光栅 2 的叠加、一维光栅 1、2、3 的叠加,旋转各个光栅,在 0.5 m 处接收光束,观察并记录实验现象。

结果分析:记录实验现象,分析波长和光栅的角度对光栅衍射的影响。

(2)圆孔衍射、圆屏衍射及直边衍射

实验内容:观察圆孔衍射、圆屏衍射及直边衍射。

参考步骤:①分别用经扩束透镜扩束后的红光激光和绿光激光照射圆孔 1 和圆孔 2,然后将接收屏从远处向前移动(圆孔 1 要从 2 m 处向前移动,圆孔 2 要从 4.5 m 处向前移动),观察并记录中心处光强变化,分析波长、圆孔大小、衍射屏与接收屏的间距同衍射图案的关系。②分别用经扩束后的红光激光和绿光激光透镜扩束后照射圆屏 1 和圆屏 2,然后将接收屏从远处向前移动,观察并记录中心处光强变化,分析波长、圆屏大小、衍射屏与接收屏的间距同衍射图案的关系。③分别用经扩束透镜扩束后的红光激光和绿光激光照射到直边屏上,然后在距离直边屏 1 m 处观察衍射现象。

结果分析:记录并分析实验现象。

(3)关于矩形孔、方形孔、三角孔及某些字符的衍射。

实验内容:观察矩形孔、方形孔、三角孔及某些字符的衍射。

参考步骤:分别用经扩束透镜扩束后的红光激光或绿光激光照射带矩形孔、方形孔、三角孔、字符 A、字符 F 的衍射屏,然后在距离衍射屏 1 m 处用接收屏接收光束。

结果分析:记录并分析实验现象。

【实验思考】

(1)总结孔径衍射的特点与规律。

（2）查阅参考书，分析杨氏双孔/双缝干涉与双孔/双缝衍射之间的联系。

（3）查阅参考书，分析衍射与干涉之间的联系和区别。

3.2.3　光的偏振与双折射实验

实验一：采用线偏振片产生线偏振光

【实验目的】

初步了解光的偏振态、非偏振光和线偏振光，了解用线偏振片产生线偏振光的方法及检验，了解偏光 3D 眼镜的原理。

【实验器材】

室外或室内光源，安装在具有角度刻度旋转支架上的线偏振片，偏光 3D 眼镜，观察屏。

【实验内容与步骤】

实验内容：用线偏振片产生线偏振光。

实验步骤：①透过一个线偏振片观察明亮的窗户、室内光源、被室内光源照射的白色墙面，旋转偏振片，观察是否有亮暗变化。②透过两个前后平行放置的线偏振片观察明亮的窗户、室内光源、被室内光源照射的白色墙面，旋转其中一个偏振片，观察并记录亮暗变化与旋转角度之间的关系。③戴上偏光眼镜，分别用左眼和右眼透过一个线偏振片观察明亮的窗户、室内光源、被室内光源照射的白色墙面，旋转偏振片，观察亮暗变化，记录左眼和右眼看到最亮或最暗光线时，偏振片处于什么角度？

结果分析：记录并分析实验现象。

【实验思考】

查阅参考书，分析实验现象产生的原因。

实验二：基于双折射产生线偏振光

【实验目的】

初步了解光的偏振态与双折射现象。

【实验器材】

方解石晶体，写有黑色字符的白纸片，普通照明光源，激光笔，安装在具有角度刻度旋转支架上的线偏振片，观察屏。

【实验内容与步骤】

实验内容：观察光的折射，基于双折射产生线偏振光。

实验步骤：①将方解石晶体直接放在白纸片的黑色字符上面，用普通照明光源在侧上方照明，在另一侧上方透过一个线偏振片观察字符，旋转线偏振片，记录观察到的实验现象以及线偏振片相应的角度位置。②打开激光笔开关，让激光束垂直入射到方解石的一个表面上，在方解石另一侧距离方解石一定距离处放置观察屏，记录观察到的实验现象。③在方解石与观察屏之间放置一个线偏振片并旋转 360°，记录观察到的实验现象以及线偏振片相应的角度位置。

结果分析：记录并分析实验现象。

【实验思考】

查阅参考书，分析实验现象产生的原因。

实验三：基于光的反射产生线偏振光——布儒斯特角

【实验目的】

初步了解基于光的反射产生线偏振光的原理与方法。

【实验器材】

普通照明光源，光滑桌面，安装在具有角度刻度旋转支架上的线偏振片。

【实验内容与步骤】

实验内容：基于光的反射产生线偏振光。

实验步骤：采用普通照明光源（如台灯、手机上的手电筒等）照射光滑桌面，用眼睛以较大倾斜角度观察桌面上被照亮的地方，再通过线偏振片观看被照亮的地方，旋转线偏振片，记录观察到的实验现象以及最暗和最亮时的线偏振片的角度位置。

结果分析：记录实验现象并分析。

【实验思考】

查阅参考书，分析实验现象产生的原因。

第4章 光电技术实训基础

本章内容主要包括光电技术理论基础、光电技术中常用的光源、光电探测器与热电探测器件。通过本章的学习实践,学生可以了解光电技术的基础知识,掌握光电系统设计中光源的选择,熟悉常用电子仪器的使用,理解常用光电探测器件与热电探测器件相关参数的物理意义及其在不同光电系统应用中的选择规则。

4.1 光电技术理论基础

4.1.1 辐射的度量

为了分析光与物质相互作用所产生的光电效应,了解光电技术中常用光电器件的光电特性,理解用光电检测器件进行光谱、光度测量的机制,常需要规定出相应的计量参数和量纲。

光辐射的度量方法有两种:一种是物理的度量方法,与之相应的参数为辐射度量参数。它适用于整个电磁辐射谱区,能对辐射量进行物理计量。另一种是从生理上对辐射量进行计量,是以人眼所能见到的辐射对大脑的刺激程度来进行辐射度量的方法,与之对应的参数为光度量参数。人眼对不同波长光线的感光灵敏度不同,因此光度量参数只适用于 380~780 nm 波长范围内的可见光谱区,超过这个光谱区,人眼不再有反应,光度量参数也就没有意义了。因此,人们以人的视觉特性为基础,建立了光度量参数,对光辐射进行计量。光度量参数的基本物理量与辐射度量参数一一对应。为方便学习和讨论,人们常用相同的符号表示辐射度量参数与光度量参数。为区别它们,常在对应符号的右下角标"e"以表示辐射度量参数,标"v"以表示光度量参数。光度量参数与辐射度量参数的基本物理量对应关系如表 4.1.1 所示。

表 4.1.1　光度量参数与辐射度量参数的基本物理量对应关系

辐射度量参数				光度量参数			
名称	符号	定义	单位	名称	符号	定义	单位
辐射能	Q_e	以辐射形式发射、传播或接收的能量	焦耳（J）	光能	Q_v	光通量在可见光范围内对时间的积分	流明·秒(lm·s)
辐通量或辐射功率	Φ_e	单位时间内通过某截面的所有波长的总电磁辐射能，$\Phi_e = d Q_e/dt$	瓦（W）	光通量或光功率	Φ_v	光源表面在无穷小时间内发射、传播或接收所有可见光的光能，$\Phi_v = dQ_v/dt$	流明(lm)
辐射出度	M_e	对于面积为 S 的面辐射源，表面某点处的面元向半球面空间内发射的辐通量 $d\Phi_e$ 与该面元面积 dS 之比即为辐射出度，$M_e = d\Phi_e/dS$。辐射出度表示通过单位面元发出的辐通量，主要用于描述面辐射源元的辐射能力	瓦/米²（W/m²）	光出射度	M_v	对于可见光，面光源 S 表面某一点处的面元向半球空间发射的光通量 $d\Phi_v$ 与该面元面积 dS 之比即为光出射度，$M_v = d\Phi_v/dS$	流明/平方米（lm/m²）
辐射强度	I_e	在给定方向上的立体角元内，辐射源发出的辐通量 $d\Phi_e$ 与立体角元 $d\Omega$ 之比即为辐射强度，$I_e(\theta, \varphi) = d\Phi_e/d\Omega$。辐射强度描述了辐射的方向特性	瓦/球面度（W/sr）	发光强度	I_v	点光源在给定方向的立体角内发射的光通量 $d\Phi_v$ 与该方向立体角元 $d\Omega$ 之比即为点光源在该方向的发光强度，$I_v(\theta,\varphi)=d\Phi_v/d\Omega$	坎德拉(cd)，在给定方向上能发射 540×10^{12} Hz 的单色辐射源，在此方向上的辐射强度为 1/683 W/sr，其发光强度被定义为一个坎德拉）是国际单位制中七个基本单位之一

辐射度量参数				光度量参数			
名称	符号	定义	单位	名称	符号	定义	单位
辐射亮度	L_e	面元在给定辐射方向上单位投影面积的辐射强度即为辐射亮度，$L_e(\theta,\varphi)=\mathrm{d}^2\Phi_e/\mathrm{d}\Omega\mathrm{d}S\cos\theta$。辐射亮度描述了辐射源微面元沿各个不同方向的辐射能力的差异	瓦/(球面度·米²)[W/(sr·m²)]	(光)亮度	L_v	光源表面某一点处的面元在给定方向上的辐射强度除以该面元在垂直于给定方向平面上的正投影面积即为光源表面的光亮度，$L_v(\theta,\varphi)=\mathrm{d}^2\Phi_v/\mathrm{d}\Omega\mathrm{d}S\cos\theta$	坎德拉/平方米(cd·m⁻²)
辐射照度	E_e	辐射接收面上单位面积接受的辐射通量，$E_e=\mathrm{d}\Phi_e/\mathrm{d}S$	瓦/米²(W/m²)	(光)照度	E_v	照射到物体表面某一面元的光通量与该面元面积之比即为光照度，$E_v=\mathrm{d}\Phi_v/\mathrm{d}S$	勒克斯(lx)

注：1 cd＝1 lm/sr，1 lx＝1 lm/m²。

有关辐射度量参数的两点说明：

（1）光谱辐射量：当辐射源是多波长辐射时，为了研究光源在各波长上的辐射能力差别，人们提出了光谱辐射量的概念。光谱辐射量是该辐射量在波长 λ 处，单位波长间隔内的大小，又被称为辐射量的"光谱密度"，是辐射量随波长的变化率。用 X_e 代表辐射度量，则光谱辐射量为

$$X_e(\lambda)=\frac{\mathrm{d}X_e}{\mathrm{d}\lambda} \tag{4.1.1}$$

辐射源的总辐射度量 X_e 为各光谱辐射量之和，即

$$X_e=\int_0^\infty X_e(\lambda)\mathrm{d}\lambda \tag{4.1.2}$$

例如，设光谱辐射通量为 $\Phi_e(\lambda)=\dfrac{\mathrm{d}\Phi_e}{\mathrm{d}\lambda}$，光谱辐通量与波长的关系如图 4.1.1 所示，辐射源的总辐射通量 Φ_e 为各光谱辐射通量之和，即

$$\Phi_e=\int_0^\infty \Phi_e(\lambda)\mathrm{d}\lambda \tag{4.1.3}$$

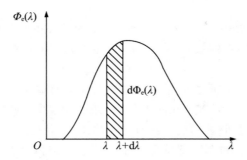

图 4.1.1　光谱辐射通量与波长的关系

(2)辐射度量与光度量之间的换算关系如下：

$$\Phi_v(\lambda) = 683 \times V(\lambda)\Phi_e(\lambda) \tag{4.1.4}$$

式中，Φ_v 为光通量；Φ_e 为辐通量；$V(\lambda)$ 为视见函数(光谱光视效率)。

光谱光视效率曲线如图 4.1.2 所示，明视觉峰值对应波长为 555 nm，即当 $\lambda = 555$ nm 时，1 W = 683 lm；当 λ 为任意波长时，1 W = $683V(\lambda)$lm。

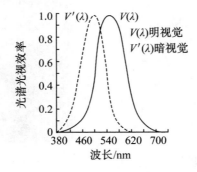

图 4.1.2　光谱光视效率曲线

光电技术中常用的辐射度量是辐射通量和辐射照度，分析光电探测器的光电转换能力时常用辐射度量是辐射功率。

4.1.2　物体的辐射

物体通常以两种不同的形式发出辐射能量。第一种是热辐射，任何高于绝对零度的物体都具有发出热辐射的能力。凡能发射连续光谱，且辐射是温度函数的物体被称为"热辐射体"，如所有动植物、太阳、钨丝白炽灯等均为热辐射体。

第二种是发光，物体不是靠加热保持温度，使辐射维持下去的，而是靠外部能量激发出的辐射，这种辐射被称为"发光"。靠外部能量激发发光的方式有电致发光(气体放电产生的辉光)、光致发光(荧光灯发射的荧光)、化学发光(磷在空气中缓慢氧化发光)、热发光(火焰中的钠或钠盐发射的黄光)。发光是非平衡辐射过程，发光光谱是非连续谱且不是温度的函数，主要是线光谱或带光谱。

下面讨论物体热辐射的基本规律。

4.1.2.1　黑体

能够完全吸收从任何角度入射来的任何波长的辐射，并且在每一个方向都最大可能的发射任意波长辐射能的物体被称为"黑体"。显然，黑体的吸收系数为 1，发射系数也为 1。

黑体只是个理想的温度辐射体，常被用作辐射计量的基准，在有限的温度范围内可以制造出各种黑体模型。一个开着小孔的密封空腔恒温辐射体(见图 4.1.3)，只要腔体的尺寸远大于小孔的直径，而且腔体的内壁涂有黑色物质(使其反射系数尽量小)，空腔辐射体置于恒温槽内(使其在工作过程中保持温度不变)，该空腔体可看作近似黑体。当辐射从任何方向通过小孔射入空腔体内时，在空腔内部要经过多次反射才能再从小孔射出。然而，由于空腔体内壁所涂的黑色物质反射系数很小，经过多次反射后从小孔射出去的辐射能量极小，几乎为零，即绝大部分入射进来的辐射能量都被空腔体吸收，因而空腔体的吸收系数很高，接近于 1。被空腔体吸收的能量都转变为热能，应该引起腔体的温度升高，但是由于腔体置于恒温槽内，所吸收的辐射能量只能以温度辐射的方式通过小孔向外发出，可视为黑体辐射。图 4.1.4 为黑体辐射源实物照片。

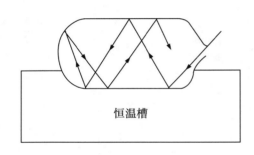

图 4.1.3　黑体模型　　　　　　　图 4.1.4　黑体辐射源实物照片

4.1.2.2　黑体辐射定律

黑体辐射定律由以下三个定律组成。

(1)普朗克辐射定律：普朗克根据量子理论，推导出了黑体光谱辐出度与波长 λ、绝对温度 T 之间的关系式。

$$M_{\mathrm{eb}}(\lambda, T) = \frac{c_1}{\lambda^5 (\mathrm{e}^{c_2/\lambda T} - 1)} \tag{4.1.5}$$

式中，$c_1 = 2\pi hc^2 = 3.74 \times 10^{-6}$ W·m^2，$c_2 = hc/k = 1.43879 \times 10^{-2}$ m·K，其中 c 为光速，k 和 h 分别为玻尔兹曼常量和普朗克常量。

图 4.1.5 为黑体光谱辐射分布曲线，可见随着温度的升高，曲线下的面积(即黑体的总辐出度)迅速增加，峰值波长向短波方向移动。

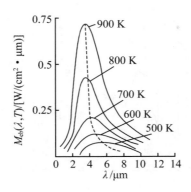

图 4.1.5　黑体光谱辐射分布曲线

（2）维恩位移定律：为了求出不同温度的黑体最大光谱辐出度的峰值波长 l_{m}，对式（4.1.3）取波长的导数，且令其等于零，可得到

$$\lambda_m T = hc/5k = 2898 \ \mu m \cdot K \tag{4.1.6}$$

该定律表明，黑体辐出度峰值对应的波长与黑体的绝对温度成反比关系。利用维恩位移定律，可以很方便地估算出在给定温度下，黑体或近似黑体的物体在什么波段范围内辐出度最多。例如，太阳表面的温度约为 5900 K，其 $l_{\mathrm{m}}=0.49$ mm，即在可见光波段 0.49 mm 附近太阳辐射的能量最多，这和人眼光谱光视效率最大值所对应的波长 0.55 nm 很接近。在光电探测系统中，利用维恩位移定律计算出辐射源（目标）某一温度下的峰值波长，以确定探测器工作的峰值波长，从而可以实现"光谱匹配"。

（3）斯蒂芬-玻尔兹曼定律：将式（4.1.5）对波长从 0 到∞进行积分，所得结果就是黑体在给定温度 T 时的总辐出度，即

$$M_{\mathrm{eb}} = \int_0^\infty M_{\mathrm{eb}}(\lambda, T) \mathrm{d}\lambda = \sigma \cdot T^4 \tag{4.1.7}$$

式中，σ 为斯蒂芬-玻尔兹曼常数。

$$\sigma = \frac{\pi^4 c_1}{15 c_2^4} = 5.67 \times 10^{-8} \ \mathrm{W/(cm^2 \cdot K^4)} \tag{4.1.8}$$

式（4.1.8）又被称为"斯蒂芬-玻尔兹曼定律"。

斯蒂芬-玻尔兹曼定律在光电技术领域大有用武之地。例如在光电对抗技术中，降低武器的温度，即可使总辐出度大大减少，从而最大限度地减少向外环境发出的辐射能，从而使对方光电探测器上得到的辐照度低于探测阈值，而无法准确探测。

4.1.2.3　辐射体的分类

为了描述辐射体的辐射本领，以黑体为比较基准，定义辐射体的光谱辐出度 $M_{\mathrm{e}}(\lambda, T)$ 与同温度黑体的光谱辐出度 $M_{\mathrm{eb}}(\lambda, T)$ 之比为物体的光谱发射率，用 $\varepsilon(\lambda, T)$ 表示，即

$$\varepsilon(\lambda, T) = \frac{M_{\mathrm{e}}(\lambda, T)}{M_{\mathrm{eb}}(\lambda, T)} \tag{4.1.9}$$

按光谱发射率，辐射体可分为绝对黑体[$\varepsilon(\lambda, T) = \varepsilon = 1$]、选择性辐射体[$\varepsilon(\lambda, T) < 1$]和灰体[$\varepsilon(\lambda, T) = \varepsilon < 1$]，三者的光谱辐射分布曲线如图 4.1.5 所示。

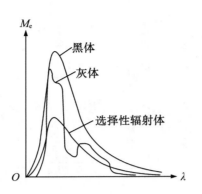

图 4.1.5　辐射体的光谱辐射分布曲线

实际上,绝大多数辐射体是灰体或选择性辐射体。灰体和选择性辐射体的具体定义如下:

(1)灰体:当温度为某一定值时,发射率小于 1 且不随波长变化的物体为灰体。灰体的光谱辐射分布曲线与同温度黑体的光谱辐射分布曲线的形状基本相同,光谱辐出度最大值的位置也基本一致,如图 4.1.5 所示。通常大多数辐射体都可以当作灰体或黑体进行计算,如海水。

(2)选择性辐射体:当温度为某一定值时,发射率小于 1 且随波长变化的物体为选择性辐射体。辐射体的发射率是关于波长的函数,辐射分布曲线常有几个最大值。磷砷化镓发光二极管(LED)、汞灯、钠灯等均属于选择性辐射体。显然,选择性辐射体不适用黑体辐射定律,否则结果会出现很大的误差。

4.1.3　半导体对辐射的吸收

4.1.3.1　半导体的基础知识

许多光电探测器都是由半导体材料制作而成的,因此人们有必要了解一点半导体基础知识(见表 4.1.2),以更好地理解光电探测的原理,掌握光电转换的内在机制。

表 4.1.2　半导体常用的术语、定义和原理

名称	定义	原理
原子能级	单个原子中的电子是按壳层分布的,且只能具有某些分立的能量,这些分立值在能量坐标上被称为"能级"	单个原子能级示意图如下: 电子能量／自由电子／最外层电子

续表

名称	定义	原理
晶体的能带	由于晶体中原子比较密集,远离原子核的壳层常常会发生交叠,这时价电子已不再属于某个原子,而是若干个原子共有,本来处于同一能量状态的电子间出现能量偏差,这样晶体中所有原子原来的每一个相同能级就会分裂,形成具有一定宽度的能带。单个原子是分立的能级,随着晶体中多个原子周期性地排列起来,这些分立的能级会展宽成为密集的能级,由于太密集了,人们一般用能带来描述它	N 个原子的能带示意图如下:
价带、导带、禁带	与价电子能级所对应的能带为价带 E_v,价带以上能量最低的能带为导带 E_c,导带底与价带顶之间的能量间隔为禁带 E_g。一切不准许电子存在的能量区域都可称为禁带。但由于晶体的物理和化学性质主要与价电子有关,分析和讨论晶体的能带图时,仅考虑 E_v,E_c 和 E_g 即可	价带中电子是价电子,不能参与导电;导带中电子是自由电子,能参与导电。只有价电子吸收能量成为自由电子,才能参与导电
半导体	导电性能介于导体和绝缘体之间的物体即为半导体。室温时,半导体的电阻率为 $10^{-3} \sim 10^{12} \ \Omega \cdot cm$。半导体中可人为掺入少量杂质形成杂质半导体,包括 N 型半导体和 P 型半导体两种。半导体中掺杂百万分之一的杂质,载流子浓度提高百万倍	绝缘体、半导体、金属比较如下: (a) 绝缘体　　(b) 半导体　　(c) 金属 电阻率:$10^{12} \ \Omega \cdot cm$　$10^{-3} \sim 10^{12} \ \Omega \cdot cm$　$10^{-6} \sim 10^{-3} \ \Omega \cdot cm$ E_g:很大　　较小(小于 3 eV)　　$E_g = 0$
本征半导体及其能带	结构完整、纯净的半导体被称为"本征半导体",又称"I 型半导体"	以硅(Si)晶体为例,共价键结合如下:

续表

名称	定义	原理
载流子	参与导电的自由电子和空穴被称为"载流子"。半导体中,有电子和空穴两种载流子,从而使半导体表现出奇异的特性,可用来制造形形色色的器件	用费米能级 E_f 描述载流子分布。E_f 的意义是电子占据率为 0.5 时所对应的能级。热平衡状态下本征半导体、N 型半导体、P 型半导体中的费米能级示意图如下: (a) 本征半导体　(b) N型半导体　(c) P型半导体 其中 E_d 为施主能级,E_{fn} 为电子的准费米能级,E_a 为受主能级,E_{fp} 为空穴的准费米能级
N 型半导体及其能带	如果在四价的锗(Ge)和硅组成的晶体中掺入五价的原子磷或砷(As)就可以构成 N 型半导体。以硅晶体掺杂磷为例,磷原子用四个价电子与周围的硅原子组成共价键,尚多余一个电子,这个电子很容易被磷原子释放为自由电子,这个易释放电子的原子称为"施主原子"或"施主",对应施主能级 E_d,位于禁带之中靠近导带底	以硅晶体掺杂磷形成 N 型半导体为例,多数载流子(多子)是电子,少数载流子(少子)是空穴,电子浓度≫空穴浓度。N 型半导体的能带示意图如下:
P 型半导体及其能带	如果在四价的锗和硅组成的晶体中掺入三价的原子,就可以构成 P 型半导体。以硅掺杂硼(B)为例,硼原子的三个电子与周围硅原子组成共价键,尚缺少一个电子,于是它很容易从硅原子中获取一个电子形成稳定结构,这个硼原子变成负离子,而硅晶体中出现空穴。这个容易获取电子的原子称为"受主原子"或"受主",对应受主能级 E_a 位于禁带之中、靠近价带顶	以硅晶体掺杂硼形成 P 型半导体为例,多数载流子(多子)是空穴,少数载流子(少子)是电子,电子浓度≪空穴浓度。P 型半导体的能带示意图如下:

名称	定义	原理
载流子的扩散和漂移	载流子因浓度不均匀而发生的定向运动称为"扩散"。载流子受电场作用所发生的运动称为"漂移"	扩散的条件：当材料的局部位置受到光照时，材料吸收光子产生光生载流子，这个位置的载流子浓度高于平均浓度，载流子将从浓度高处向浓度低处运动，在晶体中重新达到均匀分布。漂移的条件：在电场中电子漂移速度的方向与电场方向相反，空穴漂移速度的方向与电场方向相同。载流子在弱电场中的漂移运动服从欧姆定律。电子与空穴的迁移率分别为 μ_n 和 μ_p
PN 结	在同一块半导体晶体中，一边是 P型，另一边是 N 型，其分界面附近的区域称为"PN 结"	PN 结刚形成时，P 区空穴多、电子少，N 区电子多、空穴少，因此 P 区空穴向 N 区扩散，N 区电子向 P 区扩散。这种电荷转移使得 PN 结的 N 区一侧出现由电离施主构成的正空间电荷，P 区一侧出现由电离受主构成的负空间电荷，因此在空间电荷区内就形成以 N 区指向 P 区的电场，称为"内建电场"。该电场的漂移作用是阻止 N 区的电子和 P 区的空穴继续越过界面向对方扩散。达到平衡时，内建电场的漂移作用和扩散作用相抵，通过界面的净电流为零

4.1.3.2　吸收定律

光波入射到物质表面上，用透射法测定光通量的衰减时，发现通过路程 $\mathrm{d}x$ 时，光通量变化量 $\mathrm{d}\Phi$ 与入射光的光通量 Φ 及路径 $\mathrm{d}x$ 的乘积成正比，即

$$\mathrm{d}\Phi = -\alpha\Phi\mathrm{d}x \tag{4.1.10}$$

式中，α 为吸收系数。

式(4.1.10)就是光的吸收定律。物质对光的吸收示意图如图 4.1.6 所示，利用初始条件，$x=0$ 时的光通量 $\Phi = \Phi_0$。解这个微分方程，可以得到通过路程 x 的光通量为

$$\Phi = \Phi_0\mathrm{e}^{-\alpha x} \tag{4.1.11}$$

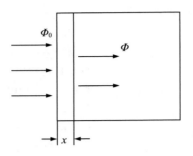

图 4.1.6　物质对光的吸收示意图

可见,当光在物质中传播时,透过的能量衰减到原来能量的 e^{-1} 时,所经过的路程的倒数等于该物质的吸收系数 α。α 与材料、入射光波长等因素有关,具体公式如下:

$$\alpha = \frac{2\omega\mu}{c} = \frac{4\pi\mu}{\lambda} \tag{4.1.12}$$

式中,μ 为消光系数。

式(4.1.12)表明,若 μ 是与光波波长无关的常数,仅由材料本身决定,则吸收系数 α 与波长成反比。由式(4.1.12)可知,半导体对波长越短的光吸收越强。图 4.1.7 给出了温度为 300 K 时硅和锗的吸收系数与波长的关系。由此可见,半导体对光的吸收在长波方向随波长增大而急剧下降。

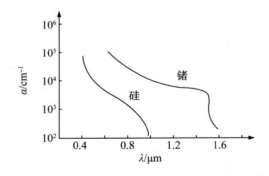

图 4.1.7　300 K 时硅和锗的吸收系数与波长的关系

4.1.3.3　半导体对光的吸收

半导体对光的吸收可分为本征吸收、杂质吸收、激子吸收、自由载流子吸收和晶格吸收等。

(1)本征吸收:不考虑热激发和杂质的作用时,半导体中的电子基本处于价带中,导带中的电子很少。当光入射到半导体的表面时,价带中电子吸收足够的光子能量,摆脱原子核的束缚,通过禁带进入导带,成为自由电子。同时,在价带中留下能够自由运动的“空穴”,产生了电子-空穴对。半导体价带电子吸收光子能量跃迁至导带,产生电子-空穴对的现象称为“本征吸收”,如图 4.1.8 所示。值得注意的是,本征吸收只取决于半导体材料本身的性质,与所含杂质和缺陷无关,且本征半导体和杂质半导体内部都有可能发生本征吸收。

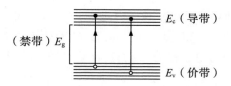

图 4.1.8　本征吸收示意图

显然,发生本征吸收的条件是光子能量必须大于半导体的禁带宽度 E_g〔即满足式(4.1.13)〕,才能使价带 E_v 上的电子吸收足够的能量而跃迁到导带 E_c 上。

$$h\nu \geqslant E_g \text{ 或 } h\frac{c}{\lambda} \geqslant E_g \tag{4.1.13}$$

式中,h 为普朗克常数;c 为光速;λ 为光的波长。

可见,本征吸收在长波方向存在一个界限 λ_c,称为"截止波长"或"长波限"。由此可以得到发生本征吸收的长波限为

$$\lambda_c = \frac{hc}{E_g} = \frac{1.24}{E_g} \tag{4.1.14}$$

只有波长短于 $1.24/E_g$(单位为 mm)的入射辐射才能使半导体产生本征吸收,从而改变半导体的导电特性。

(2)杂质吸收:半导体吸收光子后,如果其光子能量不足以使价带中的电子激发到导带,就会产生非本征吸收,包括杂质吸收、自由载流子吸收、激子吸收、晶格吸收等。

掺有杂质的半导体在光照下,N 型半导体中施主的束缚电子可以吸收光子跃迁到导带;同样,P 型半导体中受主的束缚空穴也可以吸收光子跃迁到价带,这种吸收称为"杂质吸收",如图 4.1.9 所示。施主释放束缚的电子到导带或受主释放束缚的空穴到价带所需能量称为"电离能",分别用 ΔE_d 和 ΔE_a 表示,$\Delta E_d = E_c - E_d$,$\Delta E_a = E_a - E_v$。杂质吸收的最低光子能量等于杂质的电离能 ΔE_d(或 ΔE_a),由此可得到杂质吸收光子的截止波长为

$$\lambda'_c = \frac{hc}{\Delta E_d} = \frac{1.24}{\Delta E_d} \text{ 或 } \lambda'_c = \frac{hc}{\Delta E_a} = \frac{1.24}{\Delta E_a} \tag{4.1.15}$$

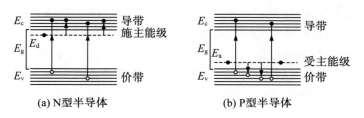

图 4.1.9　两种杂质半导体的杂质吸收

由于杂质的电离能 ΔE_d 和 ΔE_a 一般比禁带宽度 E_g 小得多,所以杂质吸收的光谱也就在本征吸收的截止波长之外,杂质吸收的长波限总要长于本征吸收的长波限。杂质吸

收也会改变半导体的导电特性,引起光电效应。

(3)激子吸收:当入射到本征半导体上的光子能量 $h\nu$ 小于 E_g,或入射到杂质半导体上的光子能量 $h\nu$ 小于杂质电离能(E_d 或 E_a)时,电子不会产生能带间的跃迁而成为自由载流子,仍受原来束缚电荷的约束、处于受激状态,这种处于受激状态的电子称为"激子"。吸收光子能量后,产生激子的现象称为"激子吸收"。显然,激子吸收不会改变半导体的导电特性。

(4)自由载流子吸收:对于一般半导体材料而言,入射光子的频率不够高(或波长较长)时,不足以引起电子产生能带间跃迁或形成激子,但仍存在吸收现象,而且其强度随入射波长的缩短而增加。这是自由载流子在同一能带内的能级跃迁所引起的,称为"自由载流子吸收"。自由载流子吸收不会改变半导体的导电特性。

(5)晶格吸收:晶格原子对远红外光谱区的光子能量也具有吸收效应,这种吸收导致晶格振动加剧,振动动能增加,在宏观上表现为物体温度升高,引起物质的热敏效应。

以上五种吸收中,只有本征吸收和杂质吸收能够直接产生非平衡载流子,引起光电效应。其他吸收都不同程度地把辐射能转换为热能,使器件温度升高,增加热激发载流子运动速度,而不会改变半导体的导电特性。

4.1.4　光电效应

入射光辐射与光电材料中的电子相互作用,改变电子的能量状态,从而引起各种电学参量变化,这种现象被称为"光电效应",是光电探测的理论基础。光电效应又分为内光电效应与外光电效应两类。

(1)内光电效应:内光电效应指被光激发所产生的载流子(自由电子或空穴)仍在物质内部运动,使物质的电导率发生变化或产生光生伏特的现象,主要包括光电导效应和光伏效应等。

(2)外光电效应:外光电效应指被光激发产生的电子逸出物质表面,形成真空中的电子的现象,主要包括光电子发射效应。

本节主要介绍光电技术中常用的光电导效应、光伏效应、光电子发射效应及光电转换的基本规律。

4.1.4.1　光电导效应

当半导体材料受光照射时,由于对光子的吸收引起了载流子浓度的变化,导致半导体材料的电导率发生变化,这种现象被称为"光电导效应"。该效应分为两种:

(1)由半导体本征吸收引起的光电导效应称为"本征光电导效应"。

(2)由半导体杂质吸收引起的光电导效应称为"杂质光电导效应"。

由于杂质原子数比晶体本身的原子数小很多,因此和本征光电导效应相比,杂质光电导效应是很微弱的。尽管如此,杂质半导体作为远红外波段探测器的材料具有重要的作用。

4.1.4.2　光伏效应

PN 结受到光照时,若入射光子能量大于材料禁带宽度,可在 PN 结的两端产生光生电势差,这种现象被称为"光伏效应",如图 4.1.10 所示。

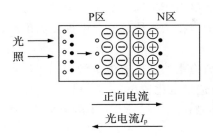

图 4.1.10 PN 结光伏效应

光伏效应是一种基于半导体 PN 结的将光能转换成电能的效应。设入射光照射在 PN 结的光敏面 P 区,当入射光子能量大于半导体材料的禁带宽度时,P 区的表面附近将产生电子-空穴对,电子与空穴均向 PN 结区方向扩散。光敏面一般很薄,其厚度小于载流子的平均扩散长度,以使电子和空穴能够扩散到 PN 结区附近。由于 PN 结区内建电场的作用,空穴只能留在 PN 结的 P 区一侧,而电子则被拉向 PN 结的 N 区一侧,这样就实现了电子-空穴对的分离。结果是,耗尽区宽度变窄,接触电势差减小。与热平衡时相比,此时的接触电势差的减小量即为光生电势差,入射的光能就转变成了电能。当外电路短路时,就有电流流过 PN 结,这个电流被称为"光电流" I_P,其方向是从 N 端经过 PN 结指向 P 端。从图 4.1.10 中可知,光电流 I_P 的方向与 PN 结的正向电流方向相反。可以证明,光照下 PN 结的电流方程为

$$I = I_0(U^{\frac{eU}{kT}} - 1) - I_P \qquad (4.1.16)$$

式中,I 为流过 PN 结的电流;I_0 为反向饱和电流;U 为 PN 结两端的电压;k 为波耳兹曼常数,$k = 1.38 \times 10^{-23}$ J/K;$e = 1.6 \times 10^{-19}$ C,为电子所带电荷量;I_P 为光电流。

由此可见,光伏效应是基于两种材料相接触形成内建势垒的效应。光子激发的光生载流子(电子和空穴)被内建电场拉向势垒两边,从而形成了光生电动势。因为所用材料不同,这个内建势垒可以是半导体 PN 结、PIN 结、金属和半导体接触形成的肖特基势垒以及异质结势垒等,不同半导体材料的光电效应也略有差异,但基本原理都是相同的。

4.1.4.3 光电子发射效应

当物质中的电子吸收足够多的光子能量后,电子将克服原子核的束缚逸出物质表面,成为真空中的自由电子,这种现象称为"光电子发射效应"或"外光电效应"。

光电子发射效应光电能量转换的基本关系为

$$h\nu = \frac{1}{2}mv_0^2 + E_\Phi \qquad (4.1.17)$$

式(4.1.17)表明,具有 $h\nu$ 能量的光子被电子吸收后,只要电子的能量大于光电发射材料的光电发射阈值 E_Φ,则质量为 m 的电子所具备的初始动能便大于零,即有电子将以初始速度 v_0 飞出光电发射材料进入真空。

利用具有光电子发射效应的材料可以制成各种光电探测器件,这些器件统称为"光电发射器件"。

光电发射器件具有许多不同于光电导或光伏器件的特点:

（1）光电发射器件中的导电电子可以在真空中运动，因此光电发射器件可以通过电场加速电子运动，或通过电子的内倍增系统提高光电探测灵敏度，使它能高速度地探测极其微弱的光信号。

（2）光电发射器件需要高稳定的高压直流电源设备，这导致整个器件体积庞大、功率损耗大，不适于野外操作，且造价也比较昂贵。

（3）光电发射器件的光谱响应范围一般不如半导体光电器件宽。

4.1.4.4　光子探测器

利用光电导效应、光伏效应和光电发射效应改变探测器的电导，或者产生光生电动势，或者发射光电子，从而将入射光信号转换成电信号的器件称为"光子探测器"。

4.2　光电技术中常用的光源

光电探测系统一般由光源、光学系统、调制器、传输介质、光电探测器和电子系统等部分组成，其中光源的研究是一门专门的技术学科，涉及光学、原子物理、电真空和色度学等多门知识，本节只简要介绍光电系统中常用的光源，以便在设计或实验中合理选用光源。

一切能产生光辐射的辐射源，无论是自然的还是人造的，都称为"光源"。自然光源是自然界中存在的，如太阳、恒星等；人造光源是人为将各种形式的能量（热能、电能、化学能）转化为光辐射的器件，在人造光源中，那些通电而发光的光源统称为"电光源"。在光电检测系统中，电光源是最常用的光源。按照光波在时间、空间上的相位特征，人们一般也将光源分成相干光源和非相干光源两种。各种辐射源如图 4.2.1 所示。

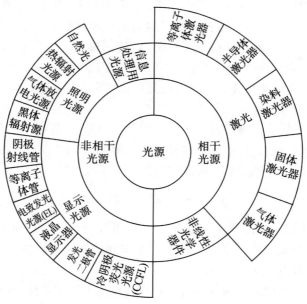

图 4.2.1　各种辐射源

4.2.1　太阳

太阳光谱能量相当于 5900 K 左右的黑体辐射,其平均亮度为 1.95×10^9 cd/m²,平均辐亮度为 2.01×10^7 W/(cm² · sr)。

在大气层外,太阳对地球的辐照度在不同光谱区所占的百分比如下:① 紫外区(<0.38 mm)占 6.46%;②可见区(0.38~0.78 mm)占 46.25%;③红外区(>0.78mm)占 47.29%。

辐射到地面上的太阳光,经过大气层的吸收后,其光谱、空间分布、能量大小、偏振状态等方面都发生了变化。有些简单的光电系统不需要特殊设计的光源,直接利用太阳光即可,如路灯自动点熄、自动应急灯等。

4.2.2　黑体

吸收比等于 1、能发射所有波长的辐射体被称为"绝对黑体",绝对黑体是一种理想的辐射体。黑体辐射是最重要的、研究最多的辐射。在实际应用中,黑体辐射源又被称为"黑体炉"(见图 4.2.2),由石墨制成,外壁包裹一层可长时间承受工作温度的热绝缘材料,以利于保温。黑体炉采用电加热线圈加热,腔内置有高精度的热电偶或热电阻,用以检测辐射器空腔内的温度。注意:使用完黑体炉后,不要立即切断电源,而应设置一个近似室温的温度让其自动通电降温,直至达到设定温度点后,再切断供电电源。

图 4.2.2　黑体辐射源实物图

4.2.3　白炽灯和卤钨灯

白炽灯是研究最早、应用最广的光源之一,其中钨丝灯最为普遍。钨丝灯的品种很多,但可以将其归纳为两类——钨丝白炽灯与卤钨灯。

4.2.3.1　钨丝白炽灯

钨丝白炽灯(见图 4.2.3)发射的是连续光谱,其可见光谱段中部和黑体辐射曲线相差约 0.5%,而整个光谱段和黑体辐射曲线平均相差 2%。此外,钨丝白炽灯的发光特性稳定、寿命长、价格低廉、使用方便、光强可连续调节,因而也被用作各种辐射度量和光度量

图 4.2.3　钨丝白炽灯实物图

的标准光源。

当钨丝白炽灯的工作电压升高时,会导致其工作电流和功率增大,发光效率和光通量增加,但寿命会缩短。若要延长灯的寿命,可在略低于额定电压的情况下使用。

钨有正阻特性,工作时的热电阻远大于冷态时的电阻,所以钨丝白炽灯的启动瞬间会有较大的电流产生。在选择熔断器或者用白炽灯作半导体整流的负载时,应考虑这个瞬时电流。

4.2.3.2　卤钨灯

卤钨灯(见图 4.2.4)是在钨丝白炽灯的基础上,为提高灯的光效和寿命,利用卤钨循环原理而研制的灯。钨丝在高温下蒸发使灯泡变黑,如果降低钨丝白炽灯的灯丝温度,则发光效率降低。在灯泡中充入氟、氯、溴或碘等卤族元素,可使它们与蒸发在玻璃壳上的钨形成卤化物,当这些卤化物回到灯丝附近时,遇到高温便会分解,钨又回到钨丝上。这样,灯丝的温度可以大大提高,而玻璃壳也不会发黑,使卤钨灯具有发光亮度高、效率高,体积小,成本低和光通量稳定的特点。

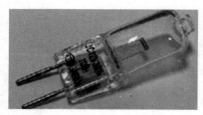

图 4.2.4　卤钨灯实物图

常用的卤钨灯有碘钨灯和溴钨灯,在光电检测技术中应用最多的是溴钨灯。大功率的溴钨灯可以用作投影仪、电影放映机等设备的光源。

4.2.4　气体放电光源

气体放电光源利用气体放电原理制成。光源中充有发光用的气体(如氢、氖、氩、氙等)或金属蒸气(如汞、钠、铊、镝等),这些元素的原子在电场作用下电离出电子和离子。当离子向阴极运动、电子向阳极运动时,电子和离子在电场中得到加速,当它们和气体原子或分子高速碰撞时会产生新的电子和离子,电子的动能被转交给气体原子使其激发,受激原子返回基态时,所吸收的能量以辐射发光的方式释放出来,这样的机制被称为"气体放电"。也就是说,气体放电光源是通过高压使气体电离放电而产生光辐射,而不像钨丝灯那样通过加热灯丝使其发光,因而也被称成"气体放电灯"。气体放电灯为冷光源,其发出的光谱为线光谱或带状光谱,因为它们的发光属于等离子体发光。

气体放电光源具有以下特点:

(1)发光效率高,比同功率的白炽灯发光效率高 2~10 倍,因此具有节能的特点。

(2)不靠灯丝本身发光,其电极更牢固、紧凑、抗震、抗冲击。

(3)寿命长,一般比白炽灯寿命长 2~10 倍。

(4)光色适应性强,可在很大范围内变化。

常见的气体放电光源(见图 4.2.5)有以下几种:

(1)各种低压汞灯,用于日常照明、杀菌消毒、园艺、诱杀害虫等。

(2)各种低压钠灯,用于光谱仪器的单色光源、照明等。

(3)氢灯、氪灯、氢弧灯、原子光谱灯、汞齐灯等,多用作光学仪器的光源。

(4)高压汞灯,可用于照明,还可用于晒图、保健日光浴治疗、橡胶及塑料的老化试验、荧光分析及紫外光线探伤等。

(5)高压钠灯,多用于城市街道照明。

(6)铊灯,用于水下照明,也可用作化学工业中某些光化学反应的有效光源。

(7)脉冲氙灯,广泛用于高速摄影、航空照相、频闪观察仪器、光学仪器、激光武器等方面。

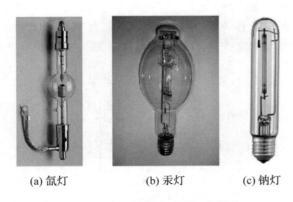

(a) 氙灯   (b) 汞灯   (c) 钠灯

图 4.2.5 几种气体放电光源实物图

4.2.5 半导体发光二极管与激光器

4.2.5.1 半导体发光二极管

早在 1907 年,半导体发光二极管(见图 4.2.6)在正向偏置的情况下能发光的现象被人们发现,并于 20 世纪 70 年代末期开始用发光二极管制作数码显示器和图像显示器。进入 21 世纪以来,发光二极管的发光效率及发光光谱等方面都有所提高,用发光二极管作仪器与生活照明光源也显示出其独特之处。

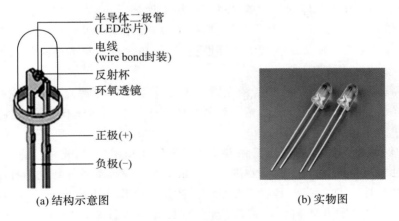

(a) 结构示意图   (b) 实物图

图 4.2.6 半导体发光二极管结构示意图及实物图

半导体发光二极管和半导体二极管类似,核心均是 PN 结,但工作原理和用途完全不同。半导体发光二极管原理图如图 4.2.7 所示,在 PN 结上加一正向电压,此时 PN 结势垒高度下降,耗尽层变薄,则从正极的 P 区向 PN 结区注入带正电荷的空穴,而从负极的 N 区向 PN 结区注入带负电的电子,两者在 PN 结附近相遇、结合,把所具有的能量以光子的形式释放出来,因此发光二极管是把电能转为光能的转换器。根据所用材料禁带宽度的不同,发光二极管发出的颜色也不同,目前有发出红外、红、橙、黄、绿、蓝等不同色光的二极管。发光二极管具有体积小、工作电流小、工作电压低、抗震、耐冲击、寿命长等特点。发光二极管是电流控制器件,最大工作电流不能超过极限,因此使用中需要加限流措施。发光管的驱动电流应工作在电光特性的线性区,使发出的光功率和驱动电流成正比变化。调制信号的频率要和发光管的响应时间匹配,调制频率最高为几十兆赫。

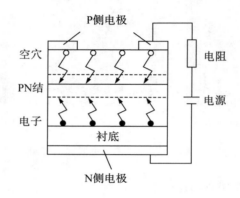

图 4.2.7　半导体发光二极管原理图

发光二极管的应用领域包括数字、文字及图像显示,指示,照明,光纤通信与光纤传感,光电开关,报警,遥控,耦合等。

4.2.5.2　激光器

激光器是一种优质光源,在诸多行业内得到了广泛应用,如在电子工业中可用于微型仪器的精密加工,对脆弱、易碎的半导体材料进行精细地划片,也可以用来调整微型电阻的阻值。随着激光器性能的改善和新型激光器的出现,激光在超大规模集成电路中的应用已经成为许多其他工艺所无法替代的关键性技术,使超大规模集成电路的发展展现出远大的前景。

根据产生激光所必须满足的要求,激光器一般由激发装置(泵源)、工作物质及谐振腔三部分组成。激光器是以发射高亮度光波为特征的相干光源。激光具有方向性强、单色性好、相干性好、亮度高等特点。

在诸多种类激光器中,氦氖激光器和半导体激光器在精密检测、光电信息处理、全息摄影、准直导向、大地测量等技术中有着极为广泛的应用。下面简单介绍这两种激光器。

(1)氦氖激光器:氦氖激光器是以中性原子气体氦和氖作为工作物质的气体激光器。氦氖激光器以连续激励方式输出连续激光,在可见光和近红外区主要有 $0.6328~\mu m$、$3.39~\mu m$ 和 $1.15~\mu m$ 三条谱线,其中 $0.6328~\mu m$ 的红光最常用。氦氖激光器的输出功率一般为几毫瓦到几百毫瓦,其结构如图 4.2.8 所示。

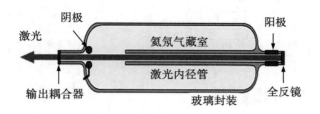

图 4.2.8　氦氖激光器的结构

（2）半导体激光器（LD）：半导体激光器（见图 4.2.9）是体积最小的激光器件,具有效率高、工作电压低、功率损耗小、驱动与调整方便等特点,非常适合于野外短距离的激光通信、激光测距、激光遥控、激光遥测、激光引爆等。

图 4.2.9　几种常见的半导体激光器实物图

半导体激光器有电子束激励和注入式两种,后者应用最为普遍,这里着重介绍注入式半导体激光器。注入式半导体激光器中砷化镓（GaAs）半导体激光器的性能最好,应用最广泛。这里以砷化镓半导体激光器为例,介绍半导体激光器的结构与基本工作原理。

砷化镓半导体激光器是由砷化镓材料制成的半导体面结型二极管,其结构及原理如图 4.2.10 所示。该激光器由 P-GaAs、N-GaAs 和散热片等部分组成,典型尺寸为 $100~\mu m \times 300~\mu m$。由 P-GaAs 和 N-GaAs 中的载流子扩散,形成了一个 PN 结势垒区,如果沿正向偏压注入电流（即在 N-GaAs 一侧注入电子）进行激励,使电子自下而上进入 PN 结势垒区,空穴自上而下进入 PN 结势垒区,在其中高能电子与空穴相遇而发光,然后经过自然解理面谐振腔的共振放大,定向发射出激光。由于 PN 结两端的自然解理面所形成谐振腔具有光反馈作用,因此产生定向受激发射的激光。在室温下,射出激光的波长为 $0.9~\mu m$；在液氮 77 K 温度下,射出的激光波长为 $0.84~\mu m$。

对于砷化镓半导体激光器,室温下连续工作时注入的电流密度约为每平方厘米几千安培,脉冲状态工作时注入的电流密度约为每平方厘米几万安培,这样才能形成粒子数反转。

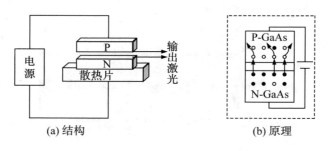

图 4.2.10　PN 结型砷化镓半导体激光器的结构及原理

（3）激光安全防护：普通照明光源发出的光是发散的，其亮度一般不高。这些光源在人眼视网膜上所成的像有一定的大小，功率密度较低，一般不会对人眼造成伤害。

由于激光的固有特性（方向性好、亮度高、传输损失小等）和人眼的成像功能，激光对人体（特别是眼睛）存在着潜在的危险。因此不仅大功率激光束会对人体产生威胁，小功率激光束也会对人眼造成损伤，特别是不能被人眼所察觉的红外激光束，更易对人眼造成伤害。激光对人眼造成损伤的程度取决于波长、人眼受激光作用的时间和剂量（单位面积上的激光功率或能量），蓝光、绿光对人眼损伤最严重，对人眼安全的波长是 $2\sim3\ \mu m$。由于人眼本身的透镜作用能将入射光聚焦到视网膜上，因此即使是小功率激光束也能以较大的功率密度损伤视网膜。因此，不论在何种情况下，都应避免用人眼直接正视激光束。为了防止反射光的影响，进行大功率半导体激光器操作的人员应戴特制的防护眼镜。为保护眼睛免受激光损伤，实验时应注意如下事项：

①不能用眼直视激光束，不要将激光束指向任何人的眼部；即使在激光器关闭的情况下，也不要用眼窥视激光器窗口。

②特别注意避免二次光对人眼的伤害。二次光（包括反射光，折射光和漫反射光）往往不太引起人们的注意，所以其危害性更大。为了避免二次光对人眼的伤害，在操作前应仔细检查光路上的所有器械，特别是光学元件的位置。一切不必要的镜面物体都应远离光路。调整光路时，特别是调整反射镜时，不要让激光束到处反射，以免伤害他人。在一般实验室里，激光束的高度差不多在人坐下后眼睛的高度之上，所以在实验室中坐下时要特别小心。

③不允许借助具有聚光性能的光学部件（如望远镜、显微镜等）直接观察激光束或其镜面反射光。

④在允许范围内暗室中应有适当的照明，这样可使人眼的瞳孔缩小，以减小由于偶然事故造成人眼损伤的可能性。

⑤条件允许时实验人员可戴专用的激光防护镜，不能用一般的太阳镜来替代专业的防护镜。

总之，激光是危险的，但只要遵守上述事项，时时刻刻注意防护，就能保护自身及他人安全。

4.2.6　光电检测系统中光源的选择

光电检测主要由光电探测器来完成。光源（或辐射源）产生的光和辐射的参数（如辐射能流的横截面积、光谱成分及光强度、光波的频率和相位等)受被测对象控制,光和辐射参量(包括辐射源自身)由光电器件接收后转变成电参数来进行测量。光源可采用白炽灯、气体放电灯、激光器、发光二极管,以及其他能发射可见光谱、紫外光谱、红外光谱的器件,此外还可采用 X 射线及同位素放射源。有时被测对象就是辐射源,例如需要测温的发热体。用于检测系统的光电器件有光电二极管、光电三极管、光敏电阻、摄像管等。选用何种器件,是由光电器件的性能、光源特性及运用环境和条件等决定的,因此光源的选择也应该根据其在光电系统中的需求而选定。

摄像是为了真实地记录景物的结构、状态和颜色。根据色度学的相关知识,人们发现景物的颜色与照明光源的光谱功率分布有关。人们对景物的观察一般是在日光下形成的,所以在摄像应用中,照明光源的发光光谱应尽量接近日光,或尽量采用日光作为光源。由于氙灯发光的光谱功率分布接近日光,故摄像时可采用大功率氙灯作为照明光源。图像探测器的光谱响应范围与所用光敏材料有关,硅器件的图像传感器的光谱响应范围为 $0.2 \sim 1.1\ \mu\mathrm{m}$,峰值响应波长多为 $0.55\ \mu\mathrm{m}$。氦氖激光器的激光波长为 $0.6328\ \mu\mathrm{m}$,光谱响应灵敏度接近其峰值响应波长的光谱灵敏度。与其他激光器相比,用相同功率氦氖激光器光束照明,可得到较大的输出信号。并且氦氖激光器的制造技术比较成熟、结构简单、使用方便、价格便宜,故常被选用。在紫外分光光度计中,通常选用紫外辐射较强的光源,如氢灯、汞灯和氙灯等。

4.3　光电探测器件与热电探测器件

得益于各种光电器件和激光器等新型光源的出现,光信息能够用电信息的形式进行承载和处理,人们能够用成熟的电子技术来完成过去传统光学无法完成的许多任务,使传统光学焕发出新的光彩。根据光电探测器件对辐射的工作机理不同,人们将光电探测器件分为光子探测器件和热电探测器件两大类,人们常说的光电器件就是指光电探测器件。

光电器件是利用光电效应探测光信息(光能),并将其转换成电信息(电能)的器件。一般来说,凡能探测某种电磁辐射的各种电子器件,都应归入光电探测器件。然而,为了实用起见,这里只讨论在紫外、红外和可见光范围内感光并产生电信号的元件,这部分元件被称为"光电探测器件",简称"光电器件"。在光电检测系统中,光电器件占有重要的地位,它的灵敏度、响应时间、响应波长等特性参数直接影响光电检测系统的总体性能。

4.3.1　光电探测器的特性参数

光电探测器的主要特性参数包括光电特性、灵敏度、光谱响应、响应时间、噪声等效功率和探测率等,这些参数是评判光电探测器质量的重要指标,也是各种类型的光电探测器所共有的参数。光电探测器的主要特性参数、定义和说明如表 4.3.1 所示。

表 4.3.1　光电探测器的主要特性参数、定义和说明

名称	定义	说明
量子效率	量子效率$[\eta(\lambda)]$是指在某一特定波长下单位时间内产生的平均光电子数(电子-空穴对数)与入射光子数之比。光子探测器的量子效率越高其性能越好	$$\eta(\lambda) = \frac{每秒产生的平均光电子数}{每秒入射波长为 \lambda 的光子数}$$
灵敏度	灵敏度是表征探测器将入射光信号转换成电信号能力的特性参数,又称为"响应率"	探测器在波长为 λ 的单色光照射下,输出的电压 $U(\lambda)$ 或光电流 $I(\lambda)$ 与入射的单色辐通量 $\Phi(\lambda)$[或单色辐照度 $E(\lambda)$]之比为光谱灵敏度,即 $S_U(\lambda) = \frac{U(\lambda)}{\Phi(\lambda)}$ 或 $S_I(\lambda) = \frac{I(\lambda)}{\Phi(\lambda)}$
光谱特性	灵敏度$[S_U(\lambda)$ 或 $S_I(\lambda)]$随波长的变化关系即为探测器的光谱特性。将光谱特性的最大值归一化,得到的特性曲线称为"相对光谱特性曲线",简称"光谱特性曲线"	硅光电器件的光谱特性曲线如下: 硅光电器件的光谱响应范围如下,其中$[\lambda_H, \lambda_L]$为探测器的光谱响应宽度,λ_p 为探测器的峰值波长

续表

名称	定义	说明
响应时间	实验测量和理论分析表明,光线照射探测器时产生电信号达到稳定值需要一定的时间,停止光照后信号完全消失也需要一定的时间,信号产生和消失的这种滞后被称为"探测器的惰性",通常用响应时间(或时间常数)t 来表示惰性大小	对于矩形脉冲信号 $\Phi_0(t)$,探测器会对矩形脉冲信号响应产生上升沿和下降沿,其响应时间与响应相对值的关系如下图所示,其中 τ 为探测器响应时间
噪声等效功率	当探测器输出的信号电流 I(或电压 U)等于探测器本身的噪声电流(或电压)的均方根值时,入射到探测器上的信号辐射通量被称为"噪声等效功率"(简称 NEP),又被称为"最小可探测功率"	探测器在完成光电转换输出信号电流的同时,也输出噪声电流。噪声限制了探测器对弱信号的探测能力,即探测器能探测到的最小入射辐通量(辐射功率)受到了限制。当探测器输出的信号电流(或电压)等于探测器本身的噪声电流(或电压)均方根值时(即信噪比等于 1 时),入射到探测器上的信号辐通量被称为"噪声等效功率"。噪声等效功率越小,表明探测器的探测能力越强
探测率	噪声等效功率的倒数为探测率	探测率越大,表明探测器的探测能力越强

4.3.2　光电探测器件

光电探测器件包括光电管、光电倍增管、光敏电阻、光电池、光电二极管、光电三极管、象限探测器、光电位置传感器(PSD)、光电耦合器件、光电成像器件(真空摄像管、变像管、像增强管)等。光电探测器件应用广泛,具有如下特点:

(1)对响应波长有选择性。一方面,光电探测器件一般都存在一个截止波长,超过此波长,器件无响应。另一方面,光电探测器件都存在一个或多个峰值波长,在这些峰值波长处,器件有最大输出响应。

(2)响应快,一般为几纳秒到几百微秒。

以光电探测器件为核心的光电子技术的应用非常广泛,可应用于信息、能量转换,医疗、光学仪器和军事领域等。在信息领域,光电探测器件可用于光通信、光盘存储、光学信息处理、光计算等;在能源领域,光电探测器件可以将太阳能转换为电能,还可以采用激光打靶引发惯性约束核聚变;在医疗领域,光电探测器件可以利用激光进行手术;在光学仪器领域,光电探测器件可进行激光精密测距、光纤传感,用作光谱仪多波长光源等;在机械加工领域,光电探测器件可用于激光打孔、激光切割、激光焊接、激光退火、激光改性等;在军事领域,光电探测器件可用于激光打靶、微光夜视、激光制导、激光武器等。

常用的光电探测器件有以下几种。

4.3.2.1　光敏电阻

利用半导体光电导效应制成的器件被称为"光电导探测器",简称 PC (photoconductive)探测器,又称"光敏电阻"。

光敏电阻的原理与符号如图 4.3.1 所示。在均匀的具有光电导效应的半导体材料的两端加上电极,便可构成光敏电阻。当光敏电阻的两端加上适当的偏置电压 U_b 时便有电流 I_P 流过,用检流计可以检测到该电流。改变照射到光敏电阻上的光度量(如照度),发现流过光敏电阻的电流 I_P 发生变化,说明光敏电阻的阻值随照度发生变化。

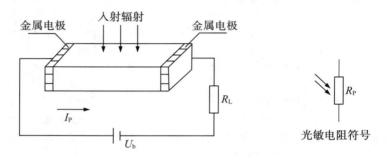

图 4.3.1　光敏电阻原理与符号

根据半导体材料的分类,光敏电阻可分为本征型半导体光敏电阻和杂质型半导体光敏电阻两大类,由半导体对光的吸收特性可以看出,本征型半导体光敏电阻的长波限要短于杂质型半导体光敏电阻的长波限。因此,本征型半导体光敏电阻常用于可见光波段的探测,而杂质型半导体光敏电阻常用于红外波段甚至远红外波段的探测。

光敏电阻具有如下特点:

(1)工作电流大,可达数毫安。

(2)可测强光,也可测弱光。

(3)灵敏度高,光电导增益大于 1。

(4)无极性之分。

表 4.3.2 列出了几种常见的本征型半导体光敏电阻的特性参数及应用。

表 4.3.2　几种常见的本征型半导体光敏电阻的特性参数及应用

材料	典型工作温度/K	光谱响应范围/μm	峰值波长/μm	峰值比探测率 D^*/(cm·Hz$^{1/2}$·W^{-1})	响应时间/μs	应用
硫化镉(CdS)	295	0.4~0.7	0.52	—	—	自动控制灯光、自动调光调焦和自动照相机

续表

材料		典型工作温度/K	光谱响应范围/μm	峰值波长/μm	峰值比探测率 D^* /(cm·Hz$^{1/2}$·W^{-1})	响应时间/μs	应用
硫化铅(PbS)		295	0.5~3	2	1.5×10^{11}	100	红外测温、红外跟踪、红外制导、红外预警、红外天文观测
		195	0.5~4		$\sim10^{12}$		
锑化铟(InSb)		295	1~7.5	6	$1\times10^8\sim8.5\times10^8$	<1	仪器仪表、医疗影像、工业检测、辅助驾驶、安防监控
		77	1~5.5	~5.16	3.5×10^{10}	10	
碲镉汞 ($Hg_{1-x}Cd_xTe$)	$x=0.2$	77	8~14	10.6	$\sim10^{10}$	—	激光雷达、激光测距、光电制导和光通信
	$x=0.28$	295	3~5	—	$\sim10^{10}$	0.4	
	$x=0.39$	295	1~3	—	3×10^{11}	—	

4.3.2.2　光电池

光电池是利用光生伏特效应将光能直接转换成电能的器件。人们通常将光电池的半导体材料的名称冠于光电池名称之前以示区别,如硒光电池、硅光电池、砷化镓光电池等。光电池的输出可取电动势或电流两种形式。取电动势形式时,光电池的开路电动势与光的照度不呈线性关系。取电流形式时,要注意使用最佳负载。当外接负载小于光电池内阻时,光电流与照度呈线性关系。光电池的电流与受光面积成正比。不同种类的光电池转换效率不同,例如硒光电池的转换效率为 0.02%,硅光电池的转换效率可达 10%~15%,砷化镓光电池比硅光电池的转换效率略高。对于同一个光电池,其转换效率与负载有关,存在最佳负载。

不同种类光电池的光谱响应特性也不同,比如硒光电池在波长为 300~700 nm 的光谱范围内有较高的灵敏度,峰值在 540 nm 附近。硅光电池在波长为 400~1100 nm 的光谱范围内有较高的灵敏度,峰值在 850 nm 附近。可见硅光电池的响应范围更宽。

当使用调制光作为照射光时,还要注意光电池的频率响应特性,即输出电流与调制光频率变化的关系。硅光电池的输出电流几乎与调制频率无关,而硒光电池的输出电流随调制频率的增大而减小。

目前,硅光电池是应用最广、最有发展前途的光电池。由于砷化镓光电池的光谱响应特性与太阳光谱最吻合,且工作温度最高,故其在宇航电源方面的应用最有发展前景。

4.3.2.3　光电二极管

光电二极管(又被称为"光敏二极管",见图 4.3.2)和发光二极管相似,核心也是 PN结,但管壳上有一个能让光照射到的光敏区窗口。光电二极管工作在反向偏压或无偏压状态下。在反向偏压状态下,PN 结势垒升高,耗尽层变厚,结电阻增加,结电容减小,有利于提高光电二极管高频性能。无光照时,反向偏置的 PN 结中只有微弱的反向漏电流(即暗电流)通过。当光子能量大于 PN 结半导体材料禁带宽度的光波照射能量时,PN 结各区域中的价电子吸收光子能量,挣脱价键的束缚而成为自由电子,同时产生一个空穴,这些由光照产生的自由电子和空穴被称为"光生载流子"。在远离耗尽层的 P 区和 N 区中,因电场强度弱,光生载流子只能做扩散运动。在扩散过程中,光生载流子会因复合而消失,不可能形成光电流。而耗尽层中由于电场强度大,光生自由电子和空穴将在电场力作用下以较大的速度分别向 N 区和 P 区运动,并到达电极,沿外电路运动,形成光电流,其方向为从光电二极管的负极到正极。现在常用的 PIN 管就是在 P 区和 N 区中间加一层浓度很低,可近似看作是本征半导体(用 I 表示)的 I 层,形成具有 P-I-N 结构的光电二极管。这种管子有较宽的耗尽层,结电阻很大,结电容很小,从而在光电转换效率和高频特性方面优于普通的光电二极管。

(a) 图形符号   (b) 实物图

图 4.3.2   光电二极管

4.3.2.4   光电三极管

光电三极管是在光电二极管的基础上发展起来的光电器件,它的结构和普通二极管类似,有两种基本类型,即 NPN 型(以 N 型半导体材料为衬底)与 PNP 型(以 P 型半导体材料为衬底),各电极的名称分别为发射极(e)、基极(b)和集电极(c),外壳留有光窗。

光电三极管的工作原理分为两个过程:一是光电转换,二是光电流放大。这里以 NPN 型光电三极管为例简要说明其工作原理。

光电三极管的工作原理如图 4.3.3 所示,光照射在光电三极管的集电极上,产生电子-空穴对,由于集电极反向偏置,光生电子流向集电极,空穴流向基极,形成光电流 I_p。光生电动势使基极与发射极间的电压升高,于是发射极便有大量电子经基极流向集电极,使光电流得以放大。与普通三极管类似,光电三极管的光电流 I_p 被放大 b 倍,集电极输出的电流为 bI_p。

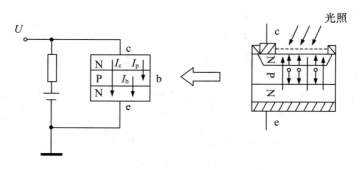

图 4.3.3   光电三极管的工作原理

　　NPN 型光电三极管可等效为一个光电二极管和一个普通三极管,光电转换部分在集-基结内进行,而集电极、基极、发射极又构成一个有放大作用的三极管,等效电路和实物图如图 4.3.4 所示。

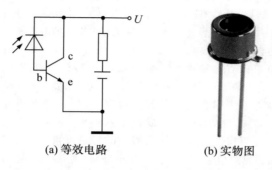

(a) 等效电路　　　　　　　(b) 实物图

图 4.3.4　光电三极管的等效电路和实物图

　　通常光电三极管的基极不引出引脚,但某些特殊光电三极管的基极会引出引脚,用于温度补偿和附加控制等。光电三极管输出的电流较大,使用方便。另外,光电三极管的亮、暗电流比要比光电二极管、光电池和光电导探测器大,可用作光电开关。

4.3.2.5　电荷耦合器件

　　电荷耦合器件(charge coupled device,CCD)是一种以电荷量反映光量大小,用耦合方式传输电荷量的新型器件。它是 20 世纪 70 年代发展起来的光电转换器件,能把光图像转换为电信号,具有广泛的用途。作为图像传感器件,CCD 在摄像方面的用途十分广,在航空遥感、电视监督、跟踪制导、粒子探测、传真等方面都有具体应用。CCD 在测量方面的用途也越来越广,在光谱测量、长度测量、激光光斑能量分布测量等方面都有所应用;在信息处理、图像识别、文字处理等方面也得到了广泛应用。CCD 的实物图如图 4.3.5 所示,CCD 的工作过程及主要性能如表 4.3.3 所示。

图 4.3.5　CCD 的实物图

表 4.3.3　CCD 的工作过程及主要性能

工作过程	结构	特性	主要性能
用光学成像系统将景物成像在 CCD 的像敏面上,像敏面再将照在每一个像敏元(像元)上的照度信号转变为少数载流子密度信号,在驱动脉冲的作用下顺序移出器件,转为视频信号输入监视器,从而在荧光屏上把景物的图像显示出来	CCD 有线列与面列两种结构,分别对应像元排成直线形式和矩阵形式。线列 CCD 可以直接接收一维光信息,却不能直接将二维图像转变为视频信号输出。若要得到整个二维图像的视频信号,需要借助扫描来实现。面阵 CCD 可用于检测二维平面图像	CCD 具有体积小,质量轻,失真度小,功耗低,可低压驱动,抗冲击、抗振动、抗电磁干扰能力强等优点,但其分辨率及图像质量不及电磁摄像管。硅衬底的 CCD 光谱响应限定在 0.4 ～ 1.2 μm 范围内	分辨率:CCD 的分辨率主要与像元的尺寸有关,也与传输过程中的电荷损失有关。目前 CCD 的像元尺寸一般为 3 μm 左右 灵敏度与动态范围:理想的 CCD 要求有高灵敏度和宽动态范围。灵敏度主要与光照的响应度和各种噪声有关。动态范围指当光照度有较大变化时,器件仍能保持线性响应的范围。它的上限由最大存储电荷容量决定,下限受噪声限制 光谱响应:这里指 CCD 光谱响应的范围。目前硅材料的 CCD 光谱响应范围为 400～1100 nm

4.3.3　热电探测器件

热电探测器件是将辐射能转换为热能,然后再把热能转换为电能的器件,目前常用的有热敏电阻、热电偶、热电堆和热释电探测器等,它们具有如下特点:

(1)对响应波长无选择性,对从可见光到远红外的各种波长的辐射都很敏感。

(2)响应慢。因为吸收辐射产生信号需要一定的时间,所以响应时间一般在几毫秒以上。

下面主要介绍几种常见热电探测器件。

4.3.3.1　热敏电阻

电阻值随温度变化而改变的电阻被称为"热敏电阻"。根据材料的不同,热敏电阻可分为半导体热敏电阻、金属热敏电阻等,它们的电阻变化原理各不相同。热敏电阻的电路符号如图 4.3.6 所示。

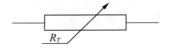

图 4.3.6　热敏电阻的电路符号

半导体热敏电阻:半导体材料吸收辐射后,晶格振动加剧,温度升高,半导体热敏电阻的电阻率下降,表现出负的温度特性,即温度越高电阻值越低。半导体热敏电阻具有较大的电阻温度系数和较高的电阻率,用其制成的传感器的灵敏度也相当高。半导体热敏电阻被广泛应用于温度测量、温度控制、开关电路、过载保护以及时间延迟等方面。

　　金属热敏电阻：金属吸收辐射后，晶格振动加剧，阻碍了自由电子的定向运动，导致金属的温度升高，电阻率增大。金属热敏电阻往往表现出正的温度系数，即电阻会随温度的升高而增加。相对于一般的金属电阻，热敏电阻的温度系数大、灵敏度高、电阻率大。金属热敏电阻在测温、限流器以及自动恒温加热元件中均有广泛的应用。图 4.3.7 展示了几种常见的热敏电阻实物图。

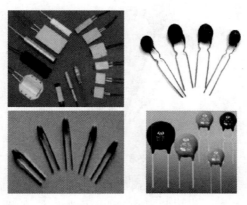

图 4.3.7　几种常见的热敏电阻实物图

4.3.3.2　热电偶和热电堆

　　塞贝克效应（Seebeck effect）：在两种不同的金属（A 和 B）连接成的闭合回路中，由于两个结点（结点 1 为冷端，结点 2 为热端）之间存在温度差，导致它们的接触电动势不同（电势差为 ΔV），热端电动势高于冷端，从而在闭合回路中产生电流，这种现象被称为"塞贝克效应"或者"温差电效应"，产生的电动势被称为"温差电动势"。塞贝克效应如图 4.3.8 所示。热电偶和热电堆就是利用塞贝克效应来测量辐射的。

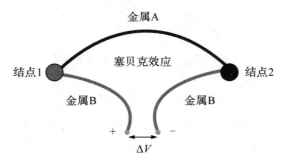

图 4.3.8　塞贝克效应

　　塞贝克效应的成因可以简单解释为在温度梯度下，导体内的载流子从热端向冷端运动，并在冷端堆积，从而在材料内部形成电势差，在该电势差作用下产生一个反向电荷流。当热运动的电荷流与内部电场达到动态平衡时，半导体两端形成稳定的温差电动势。由于半导体的温差电动势较大，因此可用作温差发电器。

　　（1）热电偶：热电偶是基于塞贝克效应制作的一种热探测器。测量辐射能的热电偶称为"辐射热电偶"，常被用作非接触式温度探测器，其热端接收入射辐射，温度升高，产生温差电动势。根据 $U = M \cdot \Delta T$（U 为温差电动势；M 为塞贝克常数，单位为 V/K。），可测得热端与冷端之间的温度差 ΔT。

描述热电偶性能的主要参数有灵敏度、响应时间、内阻和噪声等效功率等。图 4.3.9 为几种常见的热电偶实物图。

图 4.3.9   几种常见的热电偶实物图

（2）热电堆：为提高灵敏度，缩短热电偶的响应时间，通常把辐射接收面分为若干块，每块都连接一个热电偶，并把它们串联起来，构成了热电堆，如图 4.3.10 所示。典型的热电堆是在镀金的铜基体上蒸镀一层绝缘层，热电材料敷在绝缘层上，然后在上面制作工作结（热端）和参考结（冷端）。工作结与铜基之间保持热绝缘和电气绝缘，参考结与铜基之间既要保持热接触又要保持电气绝缘。

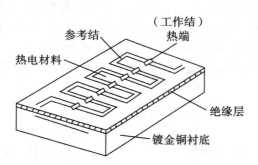

图 4.3.10   典型热电堆的结构

描述热电堆性能的主要参数有灵敏度、响应时间、内阻和噪声等效功率等。与热电偶相比，热电堆的性能有显著提高。图 4.3.11 为常见的热电堆实物图。

图 4.3.11   几种常见的热电堆实物图

4.3.3.3　热释电探测器

　　热电晶体材料有较大的热胀系数,当晶体受到辐射发生温度变化时,可引起较大的形变,即引起晶体正负电荷的中心发生相对位移。当温度升高时,晶体极化强度增大;当温度降低时,晶体极化强度减小。极化强度变化导致晶体表面电荷发生变化的现象,称为"热释电效应"。若在晶体两端加上电极,通过负载连接成回路,将晶体表面的电荷引出,从而产生电流信号输出,可实现对辐射的探测。热释电探测器就是一种利用热电晶体材料随温度变化产生热释电效应制成的热探测器。

　　因无需热平衡过程,热释电探测器的响应速度比一般热探测器快得多。虽然热释电探测器的探测率和响应速度不及光电探测器,但由于它具有光谱响应范围宽、工作时无需制冷、使用方便等优点,有较广泛的应用,在火焰探测、气体检测、光谱分析和热成像等领域都有应用。图 4.3.12 展示了几种常用的热释电探测器实物图。

图 4.3.12　几种常用的热释电探测器实物图

　　人们对热电探测器的研究经历了超过一个世纪的时间,对热探测器阵列的研究也有将近 50 年的历史。由于非制冷热成像探测阵列的应用广泛,特别是在国防领域,国内从 20 世纪 90 年代开始了集成非制冷热探测器材料和器件的研究,非制冷热探测成像系统的研究取得了进展。目前非制冷热成像阵列已实现商用。

　　非制冷热成像探测阵列的应用领域随着器件性能的提高而日益广泛,覆盖了从民用到国防等诸多领域,典型的军事应用包括红外制导、火控跟踪警戒、目标侦察、热瞄准、车辆及舰船导航等。在准军事领域,非制冷热成像探测阵列被广泛应用于安全警戒刑侦、森林防火、消防、大气检测等方面;在民用领域,非制冷热成像探测阵列被广泛应用于工业设备监控、安全保卫、交通管理、救灾、遥感以及医学热诊断技术等方面。

4.4　常用电子仪器

4.4.1　万用表

　　万用表是一种能够测量电阻,交、直流电流、电压,电容,二极管极性,晶体管参数等性能的多用途工具,分指针式和数字式两种。现在用得较多的是数字万用表,如图 4.4.1 所示。

图 4.4.1　DT4211 数字万用表

数字万用表有以下优点：

(1)显示清晰、直观,读数准确。

(2)测量准确度高。

(3)分辨力高。

(4)输入阻抗高。

(5)单片集成化。

(6)测量功能完善,除可以测量交、直流电压、电流,电阻,二极管正向压降,晶体管放大系数之外,还可以测量电容、电导、温度、频率等,并增设了检查线路通断的蜂鸣器挡。有的数字万用表还能输出方波电压信号,作低频信号源用。

(7)保护电路比较完善,有过电流保护装置、过电压保护装置和电阻挡保护装置。

(8)速率快。一般数字万用表的测量速率为 $2\sim5$ 次/s,$5\frac{1}{2}\sim7\frac{1}{2}$ 位数字万用表的测量速率可达几十次/秒或更高。

(9)抗干扰能力强。

数字万用表使用注意事项如下：①尽管数字万用表具有过电压保护和过电流保护,但仍需防止操作上的失误(如用电流挡或电阻挡测量电压)。测量前要仔细核查量程开关的位置是否合乎要求。②使用中不要把数字万用表放置在高温(温度>40 ℃)、高湿(相对湿度>80%)、寒冷(温度<0 ℃)的环境中,以免损坏液晶显示器。③在测量过程中,当电压>220 V、电流>0.5 A 时,严禁拨动量程开关,防止电弧发生。④不要用电池或万用表电阻去检查液晶显示器的好坏。⑤不要随意打开万用表后盖或拆卸元件。

4.4.2　毫伏表

电压是电子测量技术中最基本的参量之一,电子设备的许多工作特性(如增益、衰减、灵敏度、频率特性、非线性失真系数、调幅度、噪声系数等)都可视为电压的派生量;而电子设备的各种控制信号、反馈信号、报警信号等其他信息,往往也直接为电压量。电压测量是许多电参量测量的基础。一般所要测量的电压信号的频率范围往往从 0.000 01 Hz 到数千兆赫兹,其幅度甚至小到纳伏(nV),采用普通的万用表是不能进行有效测量的,必须借助于毫伏表来进行测量。

4.4.3　直流稳定电源

直流稳定电源是电子电路中必不可少的一部分,其性能直接影响电子电路的正常工作。实验室用的 SS1792C 型可跟踪直流稳定电源如图 4.4.2 所示,它既可以稳定电压也可以稳定电流。

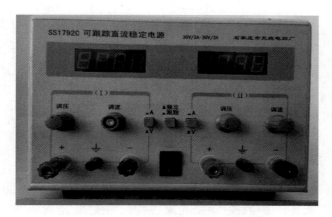

图 4.4.2　SS1792C 型可跟踪直流稳定电源

4.4.4　示波器

示波器是一种常用的电子测量仪器,其显示的核心部件是示波管,利用它能够直接观察电压、电流的波形,并可以测量电压值。示波器的型号很多,基本操作方法和原理相同。示波器是现代电子技术(特别是数字电子技术)必不可少的测量仪器。实验室用的 SDS1204X-E 数字示波器如图 4.4.3 所示。

图 4.4.3　SDS1204X-E 数字示波器

4.5　光电检测系统简介

4.5.1　光电检测系统的构成

光电检测技术涉及光学、光电技术、电子学、计算机技术、精密机械等学科领域,典型光电检测系统的构成如图 4.5.1 所示。

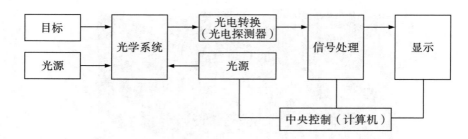

图 4.5.1　典型光电检测系统的构成

　　典型光电检测系统中的光源可以使用白炽灯、气体放电灯、半导体发光器、激光器、黑体辐射器等，光学系统包括透镜、滤光片、光阑、棱镜、光栅、光通量调制器等，光电探测器主要有光敏电阻、光电池、半导体光电管、光电倍增管、CCD 等。信息处理部分主要实现对微弱信号的检测和光源的稳定化，其他方面与检测仪器中的测量电路无太大区别。

4.5.2　光电检测的基本工作原理

　　(1)把待测量变换为光信息脉冲，变换公式如下：

$$T = f(Q)$$

式中，T 为数字信息，即光电探测器的输出为 0、1 状态的脉冲；Q 为待测信息量。

　　此变换对光源和光电探测器的要求较低，只要有足够的光通量区分 0 和 1 即可。变换所用光电探测器件可以不考虑线性，但要考虑灵敏度。

　　(2)把待测量变换为光信息量，变换公式如下：

$$I = f(Q)$$

式中，I 为输出光电流，一般与入射光通量成正比。

　　这是一种模拟量信息变换，要求光源稳定，光学系统、光电探测器的性能稳定、可靠，使 $I = f(Q)$ 为单值函数。

4.5.3　光电检测系统中光电变换的结构形式

　　光电变换的结构形式有多种，其原理、示意图及应用如表 4.5.1 所示。

表 4.5.1　结构形式的原理、示意图及应用

结构形式	原理	示意图	应用
反射式	镜面反射:方向性好,有合作目标; 漫反射:利用部分反射光进行检测	光源　　待测物 ⊗ ↓ ⊗ 光电探测器	光电测距、激光制导、电视摄像、检测材料的表面外观质量(如粗糙度、表面缺陷等)

结构形式	原理	示意图	应用
透射式	光透过均匀介质时被吸收,吸收减弱规律遵从朗伯定律,即 $$I = I_0 e^{-ad}$$ 式中,I_0 为入射光通量;a 为介质吸收系数[与介质(液体、气体)的浓度成正比];d 为介质厚度		用于浓度、透明度、混浊度、胶片密度等参数测量
遮挡式	利用待测物对光的遮挡来检测待测物的有无或大小等		产品计数、光控开关、报警、位移测量、待测物大小测量等场合
辐射式	光电探测器通过光学系统直接探测待测物(即辐射源)发出的辐射		用作辐射高温计、火警报警器、热成像仪等
干涉式	利用同一光源发出的光经过不太大的光程差后相遇,产生干涉条纹的现象进行检测。干涉式光电检测系统具有灵敏度高、精度高、动态范围大等优点,但结构和检测电路复杂,成本高		检测位移、振动、流体的浓度、折射率等

第5章 光电技术基础实训

5.1 光纤通信系统的认知及其基础实训

光通信是以光为载体的信息传播手段,是目前诸多通信手段之一,与卫星通信、移动网络、WiFi 等无线通信以及电缆通信等共同组成了当今信息时代庞大的通信网络。而光通信中以光纤为导光介质的光纤通信,以其速度快、容量大、易维护、低成本、不易受干扰等优点,成为网络通信主干网的首选,并进一步向终端扩展,使得光纤入户成为诸多家庭的选择。

光纤的发展极为迅速,短短三四十年就完成了从提出到大规模实际应用的转换。1966 年,美籍华人高锟博士根据介质波导理论,首次提出光导纤维可以用于光通信的理论。1976 年,美国亚特兰大的贝尔实验室研制出世界上第一个光纤通信系统。20 世纪80 年代末,横跨太平洋、长达 8300 km 以及横跨大西洋、长达 6300 km 的海底光缆线路先后建成并投入使用。1993 年,美国政府提出信息高速公路构想,把光纤通信推进到一个新阶段。现在以光纤、光缆为主体的网络已遍布全世界,我国也已建成连接各省会和大多数地市的"十纵十横"光缆骨干通信网。信息的传输、交换、存储和处理已发生根本变化。这一变化深刻影响了人们的工作、学习和生活。光纤通信以其多方面的优势胜过长波通信、短波通信、电缆通信、微波通信和卫星通信等,成为现代通信的主流、信息传输和交换的主要手段。

本章将通过最简单的光学通信基础实验,让读者直观感知光学通信的基本原理,了解信号调制的概念及其表现,并对光通信及光纤通信有初步的认知。

5.1.1 基本电子学元件的认知

(1)色环电阻:常见色环电阻如图 5.1.1 所示,人们可以通过色环确定电阻值。常见的色环电阻有四个或五个色环,其中五个色环的是精密电阻。另外,还有六个色环的电阻,多出来的色环表示温度系数,即电阻随温度的变化,具体介绍可自行查询相关书籍。色环的读取类似于科学计数法,即用一个数乘以 10 的几次方的形式表示电阻值,最后一个色环表示误差,色环的具体含义如图 5.1.2 所示。

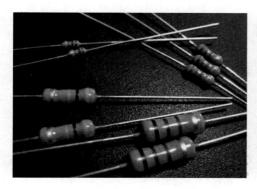
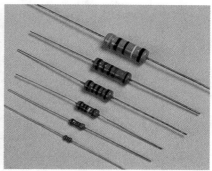

图 5.1.1 常见色环电阻

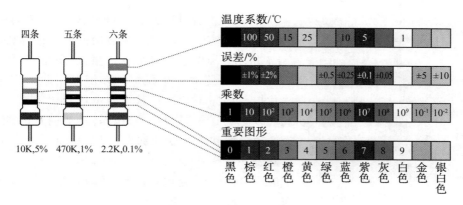

图 5.1.2 色环的具体含义

以图 5.1.2 中有 5 条色环的电阻为例,色环颜色分别为黄色、紫色、黑色、橙色、棕色,对应含义分别为 4、7、0、10^3、$\pm 1\%$,因此电阻值为 470×10^3 Ω,即 470 kΩ,误差为 $\pm 1\%$。为方便区分色环顺序,一般最后一个色环的间距比其他色环间距大。

(2)三极管:三极管是常用的信号放大器件,实物图如图 5.1.3 所示。三极管主要用于信号放大或者供电能力增加,其原理和具体功能此处不再赘述。三极管可以分为 NPN 型和 PNP 型两种,用户可根据实际电路需求来选择。三极管有三个引脚,分别是基极(b)、集电极(c)、发射极(e)。三个引脚往往不会标注在器件上,因此需要用户具备分辨三个引脚的能力。最简单的方法是根据产品说明书确定引脚顺序,也可以借助万用表确定。

图 5.1.3 三极管实物图

(3)升压电感:三脚升压电感实际上就是一个升压线圈,其工作原理与传统的变压器电感一样,通过电磁感应,增大交变信号的电压,以适应负载的驱动需求。三脚升压电感实物图及引脚图如图 5.1.4 所示,其内部就是缠绕的一圈圈线圈,根据线圈匝数比来确定升压(或降压)比。升压电感的引脚确定也是非常重要的,用户可以根据说明书进行确定,也可以借助万用表确定。

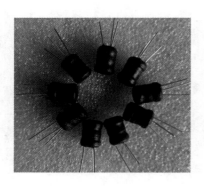
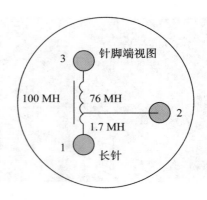

图 5.1.4　升压电感实物图及引脚图

图 5.1.5　压电陶瓷蜂鸣片实物图

（4）压电陶瓷蜂鸣片：压电陶瓷蜂鸣片是利用压电陶瓷在电压作用下形变产生振动而发声的器件，如图5.1.5所示。压电陶瓷蜂鸣片价格低、质量轻、体积小、驱动简单，在需要简单发声的领域应用非常广泛。蜂鸣片振动的频率和加在其上的电压变化频率一致，因此可以把上述不同频率的振动转换成声音的振动，声音振动频率和电压变化频率一致，从而可以发声。压电陶瓷在电压作用下可以伸缩，同时给予压电陶瓷一定的压力，也会产生电压，因此可以用示波器测量压电陶瓷受压产生的电压。

5.1.2　其他实验元件的基本认知

（1）激光二极管、光敏二极管：激光二极管、光敏二极管是用来发射和接收光信号的器件，如图5.1.6所示。激光二极管、光敏二极管都属于二极管，但在特性上与普通的硅二极管又有所不同，不能使用万用表的二极管档位进行测量。激光二极管在正向偏压时发光，发光强度与电流正相关。光敏二极管工作在反向偏压状态，当有光线照射到光敏面时反向导通，否则处于高阻态。

图 5.1.6　激光二极管（左）及光电二极管（右）实物图

（2）音乐芯片：音乐芯片是一个简单的集成电路（IC），其实物图如图 5.1.7 所示。音乐芯片上电后自动复位，自动进入正常工作状态，输出音乐。音乐芯片内部有振荡电路，使用简单。

引脚 1 和引脚 2 直接连到 3 V 电源的负极和正极上即可开始工作，引脚 3 为输出引脚，输出 3 V 的方波信号，方波频率对应音乐的音调，方波时长对应音调时长。

图 5.1.8 显示了音乐播放瞬时的波形和频谱，右侧显示实际的电压波形，左侧显示其频谱。图 5.1.9 显示了更长时间范围的电压波形图，可以看到不同音调的持续时间和转变时间。

图 5.1.7　音乐芯片实物图

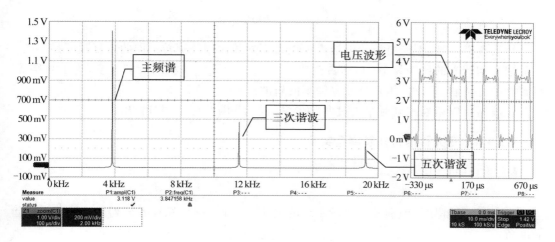

图 5.1.8　音乐播放瞬时的波形及频谱

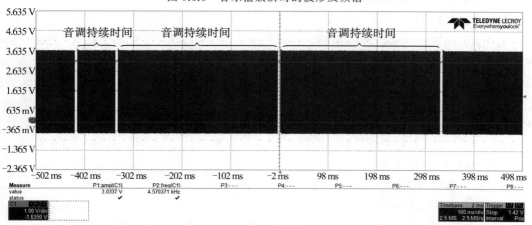

图 5.1.9　更长时间范围的电压波形图

（3）斩波器：斩波器是一种常见的用于外部调节光信号的设备，包含斩波片及电机控制两部分，其实物图如图 5.1.10 所示。

图 5.1.10　斩波器实物图

斩波片有多种，不同斩波片的透光和挡光部分的比例及旋转一周的重复频率都不同。一般透光和挡光的比例为 1∶1，即占空比为 50％。受限于电机的旋转速度，为了获得更高频率的光调制，可以使用较高重复频率的斩波片。

斩波器可以精确控制对光透过调制频率的数值，因此可以调节输出。

5.1.3　电子元件的认知及测量实验

【实验目的】

（1）认识电子元器件。

（2）初步了解如何识别和检测所用到的电子元器件，依次检查各元器件，为后续实验做准备。

（3）学会灵活、适当使用万用表和示波器。

【实验器材】

（1）实验元器件：电阻、升压电感、三极管、干电池、拨动开关、激光二极管、光敏二极管、音乐芯片、压电陶瓷蜂鸣片。

实验所用电子元器件都是较大体积的传统电子元器件，与电路板上常用的贴片元器件相比，体积大得多，方便学生进行手动测量和线路连接。此外，本实验还需要辅助实验材料，此处不再赘述。

（2）实验设备：实验中所用到的设备有数字万用表和数字示波器，具体使用方法请参考其他章节及相关书籍。

【实验内容与步骤】

（1）认识电子元器件

实验内容：根据本章内容和课堂讲述内容，逐一认识所使用的电阻等电子元器件。

参考步骤：按照列表核对电子元器件。

结果分析：确定数量是否足够，检查外观是否完好。

（2）检测元器件参数

实验内容：逐一测试各电子元器件参数，检查是否正常。

参考步骤：按照下列提示进行实验，顺序不限。

观察电阻色环并判断阻值，用数字万用表测量阻值，记录测量数据，与判断阻值进行比对。

对压电陶瓷蜂鸣片施加较小的力量并松开，重复动作，使用示波器查看产生的瞬时波形，并记录波形。有能力的同学可以判断在压力下，哪条输出引线产生正压，并观察松开时的电压正负情况。

给激光二极管加上 3 V 电压，观察红色激光。激光二极管接反时不出光。注意：严禁使用激光照射人眼，严禁在激光传播光路上直视激光。

尝试使用数字万用表电阻挡测量激光二极管、光电二极管正向导通和反向截止的电阻。由于激光二极管正向导通电压阈值较高，一般情况下，数字万用表表笔提供的电压无法使激光二极管导通，故无法测量到正向导通电阻。此时可以直接连接电池，通过检查激光二极管是否发光来验证其好坏。检测光电二极管时，调整光电二极管朝向及与照明光源的距离，观察电压变化，记录测量数据。

升压电感本质上是一个变压器，内部为线圈，借助不同匝数线圈，基于电感原理实现电压变换。因此可以通过测量电阻的方式验证引脚间线圈的多与少，从而判断引脚，即使用数字万用表测量升压电感三个引脚间的电阻，依据电阻值判断引脚。测试方法：将数字万用表调至电阻挡位，分别测量三个引脚间的电阻值，记录测量数据。引脚 1 与引脚 2 之间的电阻最小，其次是引脚 2 与引脚 3 之间的电阻，引脚 1 与引脚 3 之间的电阻最大。比较电阻值，判断引脚并画出引脚标注示意图。

根据元件表面标号，找到三极管，并使用数字万用表测试三极管的引脚。测试方法：将数字万用表调到二极管挡位，表笔测试引脚，如果红表笔接触某一个引脚，黑表笔接触另外两个引脚，显示测量值都在 0.7 V 左右，则该三极管为 NPN 型，且红表笔接触的引脚为基极；反之，则三极管为 PNP 型，且黑表笔接触的引脚为基极。注意观察两个显示值的大小，对应较小值的引脚为集电极，对应较大值的引脚为发射极。如果两个引脚间电压远小于 0.7 V，则说明三极管烧坏，引脚短路。如果任意引脚间电压都显示 O L，则三极管断路。记录测量数据，并画出引脚标注示意图。

对于放大率较低的三极管，上述方法可以测试出三极管的基极，但无法有效分辨三极管的集电极和发射极，因为二者显示值一致，此时可以采用其他方法测量。利用三极管的工作特性，采用图 5.1.11 所示电路测量。将数字万用表置于电阻挡，红表笔作为电源正，根据前述方法确定基极。假设引脚为 1、2、3，已经确定引脚 2 为基极。用手指捏住引脚 1、2，红表笔接引脚 1，黑笔接引脚 3，查看电阻。用手指捏住引脚 2、3，红表笔接引脚 3，黑表笔接引脚 1，查看电阻。比较两个电阻值，电阻小的，红表笔接的就是集电极，黑表笔接的是发射极。

注意：严禁将三极管引脚直接

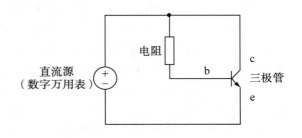

图 5.1.11　测量三极管引脚的电路

接到 3 V 电池两端,因为电流过大,会烧坏三极管。

根据芯片表面的标号,找到音乐芯片。音乐芯片无法用数字万用表测量引脚,可将音乐芯片有字一面朝向自己,引脚向下,则从左至右引脚顺序为 1、2、3(见图 5.1.7)。引脚 1 是负极,引脚 2 是正极,引脚 3 是音乐信号输出端。将音乐芯片正确连接至 3 V 电池两端,使用示波器观察音乐芯片引脚 3 的输出波形,示波器探头负极连接电源负极,正极连接引脚 3。注意:接电源时不能接错,电源极性接反会烧毁芯片。通过示波器 single 模式截取当前波形,并自行探索方法,获得当前大致波形频率。若无波形,则可能是音乐芯片损坏。记录典型波形和观察到的多个频率,并查询所测量频率对应的音高。

注意:在检测元器件时,正确区分三极管和音乐芯片。音乐芯片需要直接连接电池,而三极管直接连接电池会被烧毁。

结果分析:记录测试结果,并分析电子元器件是否完好,若有损坏需及时更换。

【实验思考】

(1)测量三极管引脚时,利用了数字万用表和三极管的什么特性? 图 5.1.11 所示电路中的电阻是实际的电阻元件吗? 如果不是的话,它实际是什么?

(2)升压电感可以放大功率吗?

(3)普通喇叭(如耳机或音箱内的喇叭组件)与压电陶瓷蜂鸣器有什么区别?

(4)为什么有的电子元器件使用数字万用表检测,有的使用示波器检测?

5.1.4　光通信系统的基础实训

【实验目的】

(1)通过搭建光通信系统,了解光通信的原理。

(2)通过对比光通信和光纤通信,了解光纤通信的优势。

【实验器材】

本实验所用实验元器件和实验设备与第 5.1.3 节相同。

【实验内容与步骤】

(1)器件验证(选做实验)

实验内容:按照实验说明书,进行验证实验,实验电路图如图 5.1.12 所示。本实验的主要目的是验证整个电子电路系统能否正常工作。如果已经确认所有电子元器件都正常工作,可不做本实验。

参考步骤:根据电路图理解各个电子元器件在电路中的作用。接通电源前,验证电路是否连接正确、所使用电子元器件是否正确。尝试使用数字万用表测量工作时三极管各脚相对于电源负极的电压,使用示波器查看波形,对比数据并记录。对三极管工作原理有一定了解的同学可以尝试分析三极管的工作状态。

注意:确认示波器的探头衰减为 10× 衰减,否则不要尝试使用示波器查看升压电感的输出,以防示波器损坏。

备注:为简化设计,电路未设计电源稳压部分,受升压电感的影响,可能出现喇叭不能发出音乐而是发出噪音的情况。此时可以尝试将音乐芯片的引脚 1 悬空,也可在引脚 1 和引脚 2 并联一个高品质电容。具体原因建议可在学完模拟电路课程后自行分析。

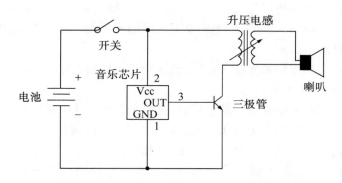

图 5.1.12　器件功能验证实验电路图

结果分析：观察并记录各实验数据。如果正常播放音乐，则表示电子元器件全部完好。

（2）搭建光通信系统

实验内容：搭建光通信系统，实验电路图如图 5.1.13 所示。

参考步骤：接通电源前，验证电路是否连接正确，所使用电子元器件是否正确。尝试使用数字万用表测试工作时电路中各点的电压，使用示波器查看波形，对比二者的数据并记录。对三极管工作原理有一定了解的同学可以尝试分析三极管的工作状态。

注意：①确认示波器的探头衰减为 10× 衰减，否则不要尝试使用示波器查看升压电感的输出，以防示波器损坏。②确认器件安装是否正确。③注意激光使用安全。

在确认系统工作正常后，可测试最远通信距离：尝试对光路进行干扰（如使用透镜、蜡烛火焰、烟雾等），并对干扰效果进行检验，可自由选择干扰方式，并在实验报告中进行讨论。

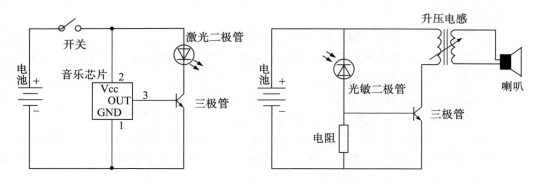

图 5.1.13　光通信系统实验电路图

结果分析：对比示波器和数字万用表的区别，明确测量不同信号时应选择的设备。根据电路图理解各个电子元器件在电路中的作用，理解并感受信息通过光进行加载、传输和提取的基本方式。

（3）光纤通信实验

实验内容：使用光纤进行光信息的传输。

参考步骤:使用光纤连接激光二极管发射端和光敏二极管接收端,改变光纤的弯曲状态,验证光纤通信的特点。注意:由于实验中使用的光纤是大芯径验证用光纤,不要大曲率弯曲,以防止光纤断裂。

结果分析:对比光通信和光纤光通信,感受光纤通信的优势。

(4)扩展实验(选做实验)

实验内容:对现有实验进行开放性扩展,进一步理解电路工作原理,提高学习兴趣。

参考步骤:使用光通信系统的接收电路,接收其他光源发出的光,并验证喇叭是否发出声音,同时使用示波器查看光电二极管接收到的信号。

将有线耳机接入电路,比较不同接入方式的音量大小,并与压电陶瓷蜂鸣片的音量进行比较。思考有线耳机和压电陶瓷蜂鸣片的不同驱动原理,判断二者如何接入电路更合适,能有更大音量。

结果分析:记录各种扩展实验数据,结合声、光数据进行综合分析。

【实验思考】

(1)实验中原始声音信号是如何加载到光信号上的?

(2)空间光通信施加的干扰影响了信号的什么参数,是否影响接收信号?

(3)电信号是如何转换成耳朵可以听到的声音的?

(4)光通信与光纤通信各自有什么优缺点?

5.1.5　光调制的初步认知

【实验目的】

(1)了解信息加载到光载体的方式。

(2)了解信号变化频率与发声的关系。

(3)了解光通信的优势与限制。

【实验器材】

(1)实验材料:本实验所用实验材料与第5.1.3节相同。

(2)实验设备:本实验所用实验设备除了第5.1.3节中的设备外,还需要使用斩波器。

【实验内容与步骤】

(1)光通信干扰实验

实验内容:通过外加干扰,感受光通信的不足。

参考步骤:使用搭建好的光通信系统的电路,将斩波器连接到激光发射与信号接收之间,开启斩波器,感受在斩波器影响下声音的变化,并与第5.1.4节中的施加干扰的原理和效果进行对比。

结果分析:感受外部干扰对信号的影响。

(2)外部光调制实验

实验内容:通过外部光调制实验,了解信息的加载方式。

参考步骤:将激光二极管连接到电源,此时激光输出恒定。使用光通信系统的信号接收部分,将激光光束照射到光电二极管上。将斩波器连接到激光发射与信号接收之间,并调节斩波器速度,感受从压电蜂鸣陶瓷器发出的声音与斩波器速度的对应关系。使用示波器查看光敏二极管的输出信号,确认信号波形的频率与斩波器频率的关系。使用示波器查看电路其他点的电压变化规律,尝试分析电路中各点的电压变化规律。

注意:确认示波器的探头衰减为 10× 衰减,否则不要尝试使用示波器查看升压电感的输出,以防示波器损坏。

结果分析:记录示波器波形,并分析其与喇叭发出的声音的关联。

【实验思考】

(1)实验(1)中,施加的干扰与 5.1.4 中的干扰有何不同?效果有何不同?

(2)实验(2)中,信息是如何加载到光信号上的?

(3)喇叭发出的声音与斩波器频率有什么关系?

5.2　红外测温系统的认知及其基础实训

电磁波谱的分布情况如图 5.2.1 所示,按照波长从长到短的顺序,可分为无线电波、微波、红外线、可见光、紫外线、X 射线和伽马射线等。其中,红外线辐射波长范围一般为 $0.76\sim1000~\mu m$,在电磁波谱中介于可见光和微波之间。按照波长,红外线可再细分为近红外线、短波红外线、中波红外线和长波红外线等几个波段。

1800 年,英国物理学家弗里德希里·威廉·赫歇尔(Friedrich Wilhelm Herschel)从温度的角度来研究各种色光时发现了红外辐射。红外辐射是自然界中存在的最为广泛的电磁辐射,一切温度高于绝对零度的物体每时每刻都在以分子热运动的形式向外辐射红外能量。分子运动越剧烈,辐射能量越大;反之,辐射能量越小。本节选用的红外测温系统是红外测温枪,主要利用中波红外波段和长波红外波段的辐射。

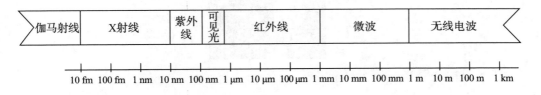

| 伽马射线 | X射线 | 紫外线 | 可见光 | 红外线 | 微波 | 无线电波 |

10 fm　100 fm　1 nm　10 nm　100 nm　1 μm　10 μm　100 μm　1 mm　10 mm　100 mm　1 m　10 m　100 m　1 km

图 5.2.1　电磁波谱分布情况

5.2.1　红外测温枪简介

红外测温枪是一种非接触式测温设备,能够利用物体自身的辐射实现温度测量,其基本结构一般包括光学模块、红外探测器、信号采集模块和显示输出模块等。光学模块用于收集红外辐射,使其照射到红外探测器光敏元件上;红外探测器负责将红外辐射转换为电信号;处理电路模块对电信号进行处理,计算得到物体的温度;显示模块负责将温度以数字的形式显示出来。红外测温枪工作原理如图 5.2.2 所示。

图 5.2.2　红外测温枪工作原理

5.2.2　红外测温枪组成与工作

红外测温枪的结构框图如图 5.2.3 所示,本节使用的红外测温枪实物图如图 5.2.4 所示。

图 5.2.3　红外测温枪结构框图

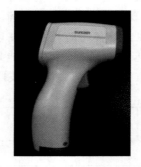

图 5.2.4　红外测温枪实物图

5.2.2.1　光学模块

光学模块一般由滤光片和透镜组成,滤光片用于滤除红外波段外其他波段的杂光,透镜则用于将红外辐射汇聚到红外探测器上。滤光片是用来选取所需波段光的光学器件。按照通过光谱所处的波段,滤光片可以分为紫外滤光片、可见光、短波红外滤光片、中长波红外滤光片等;按照光谱特性,滤光片可分为带通型滤光片、短波通(又叫"低波通")型滤光片、长波通(又叫"高波通")型滤光片。带通型滤光片指选定波段的光可以通过而通带以外的光截止的滤光片,按带宽可以将其分为窄带通型和宽带通型两种。通常按带宽与中心波长的比值来区分滤光片,小于 5% 为窄带通型,大于 5% 为宽带通型。短波通型滤光片指短于选定波长的光通过而长于选定波长的光截止的滤光片。长波通型滤光片指长于选定波长的光通过而短于选定波长的光截止的滤光片。

在实际应用中,红外测温枪通常选用菲涅尔透镜将光线会聚到红外光电探测器上。

菲涅尔透镜多由聚烯烃材料注压而成,也采用由玻璃制作的,镜片表面一面为光面,另一面刻录了由小到大的同心圆,它的纹理是根据光的干涉和相对灵敏度以及接收角度要求来设计的。菲涅尔透镜的要求很高,一片优质的菲涅尔透镜必须表面光洁、纹理清晰,其厚度通常随用途而变,多在 1 mm 左右,具有面积大、厚度薄及作用距离远等特点。菲涅尔透镜在很多时候相当于红外线及可见光的凸透镜,效果较好,但成本远低于普通的凸透镜。图 5.2.5 为一小型菲涅耳透镜的实物图,其焦距为 5 mm,接收角度为 150°。

图 5.2.5　小型菲涅耳透镜的实物图

由于滤光片和透镜成本较高,目前市场许多产品出于成本方面的考虑,简化了光学模块,取消了滤光片和透镜,只使用通光孔进行光线收束。本节所用的红外测温枪就使用了最为简单的通光孔,如图 5.2.6 所示。

图 5.2.6　红外测温枪的通光孔

5.2.2.2　红外探测器

红外测温枪中的红外探测器一般为热电堆红外探测器,即热电偶构成的一种热释电红外探测器件,是基于热电效应工作的。红外探测器测温的基本原理:两种不同材质的导体组成闭合回路,当两端存在温度梯度时,回路中就会有电流通过,此时两端之间就存在电动势。热电堆红外探测器内部的基本结构如图 5.2.7 所示。

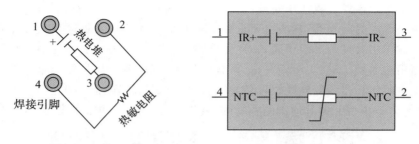

图 5.2.7　热电堆红外探测器内部的基本结构

图 5.2.7 中引脚 2 和引脚 4 之间为 NTC 金属电阻,其电阻率随着温度上升而减小。给电阻通电流,根据模数转换器测得电阻两端的电压,即可算得该温度下的电阻值 R_t。基于电阻值 R_t,就可以计算出当前环境温度 T_t。热敏电阻计算公式如下:

$$R_t = R\,\mathrm{e}^{B\left(\frac{1}{T_t} - \frac{1}{T}\right)}$$

式中,T 为室温;R 为 NTC 金属电阻室温下的电阻值;B 为温度系数。

图 5.2.7 中引脚 1 和引脚 3 之间为热电堆。热电堆会输出一个电压 V_{out},输出电压 V_{out} 的值很小(温度为 40 ℃时输出电压约为 2 mV),需要通过运算放大器进行放大。根据前面已经测出的环境温度和电压,可以算得目标温度 T_a^4,计算公式如下:

$$V_{\mathrm{out}} = k\,(T_t^4 - T_a^4)$$

式中,k 为常数。

根据不同场景对温度探测范围和精度的不同需求,选择不同成本、不同等级的光电探测器。本节使用低成本的热电堆红外探测器,温度探测范围小且精度较低,其实物图如图 5.2.8 所示。

图 5.2.8　红外测温枪光电探测器实物图

5.2.2.3　信号采集电路和现实输出电路

信号采集电路一般由运算放大器和模数转换器组成,用于采集红外探测器输出的电信号并将其转化为数字信号。运算放大器一般基于运算放大芯片搭建,用于对初始模拟电信号进行放大和滤波;模数转换器基于模数转换芯片搭建,用于将模拟电信号转换为数字电信号。本节所用红外测温枪采用最简单的电路搭建方式,使用低成本运算放大器和模数转换器实现信号采集,其实物图如图 5.2.9 所示。

　　显示输出电路根据信号采集电路输出的温度数字信号进行计算,得到目标辐射体表面的温度值,并驱动显示屏显示温度值。显示输出电路往往由单片机等微控制单元(MCU)和供电芯片等组成,供电芯片负责为显示屏供电,MCU 负责驱动显示屏并控制显示的温度值。本节所用红外测温枪显示输出电路采用低成本小型化单片机作为 MCU,低压差线性稳压器(LDO)作为供电芯片,其实物图如图 5.2.10 所示。

图 5.2.9　红外测温枪信号采集电路实物图　　　　图 5.2.10　红外测温枪显示输出电路实物图

5.2.2.4　液晶显示器

　　液晶显示器是在两片平行的玻璃基板中间放置液晶盒,下玻璃基板设置薄膜晶体管(TFT),上玻璃基板设置彩色滤光片构造而成。液晶显示器通过 TFT 上的信号与电压改变来控制液晶分子的转动方向,从而控制每个像素点偏振光的出射,达到显示的目的。

　　按照背光源不同,液晶显示器可以分为冷阴极荧光灯管显示器(CCFL)和发光二极管显示器两种。冷阴极荧光灯管显示器指以冷阴极荧光灯管为背光光源的液晶显示器,其优点是色彩表现好,缺点是功耗较高。发光二极管显示器指以发光二极管为背光光源的液晶显示器,通常意义上指白光发光二极管显示器,其优点是体积小、功耗低,缺点是色彩表现比冷阴极荧光灯管显示器差。

　　液晶显示器具有低压微功耗、体积小巧、无眩光、显示信息量大、易于彩色化、无电磁辐射和长寿命等多种优点,相比于传统阴极射线显示器具有十分明显的优势,且价格低廉,目前已替代阴极射线显示器成为主流。

　　本节所用红外测温枪的液晶显示器采用单色显示屏,成本低廉,且比数码管显示更加灵活,其实物图如图 5.2.11 所示。

图 5.2.11　红外测温枪显示屏实物图

5.2.3 红外测温枪温度测量影响因素的探究及标定

【实验目的】

(1)了解红外测温的原理,学习红外测温枪的使用方法。

(2)估算红外测温枪的温度精度。

(3)探索影响红外测温枪温度测量的因素。

(4)了解红外测温枪的温度标定方法,对红外测温枪进行简单的温度标定。

【实验原理】

(1)测温原理:根据热力学中的斯蒂芬-玻尔兹曼定律,辐射体表面单位面积在单位时间内辐射出的总功率与其本身温度的四次方成正比,即辐射体的辐射度 J^* 可用下式表示:

$$J^* = \varepsilon\sigma T^4$$

式中,ε 为辐射体的辐射系数,若辐射体为黑体,则 $\varepsilon=1$;σ 为斯蒂芬-玻尔兹曼常数或斯蒂芬常量,它可由自然界其他已知的基本物理常数算得,因此它不是一个基本物理常数;T 为辐射体表面的绝对温度。

(2)红外测温枪的标定:红外测温领域的一大难题是目标温度(即真实温度)的获取。对传统的红外测温方法来说,其光电探测器接收到的红外辐射受限于目标物体表面发射率、大气衰减、环境温度以及测量距离等因素的影响,测温精度难以保证。除此之外,许多红外测温装置随使用时间变长会变得越来越不准确。因此,对红外测温枪进行温度的准确标定,使其能够准确反映目标物体真实温度,是十分必要的。

无论是传统的红外测温方法,还是近几年比较热门的双波段比色测温等方法,其标定都离不开一个稳定的高精度标定源,而最常见的标定源是黑体温度。基于标定源,对红外测温枪进行温度标定的常用方法有查表法和拟合曲线法两种,其中查表法需要有足够多的标定样本,需要处理的数据量较大;而拟合曲线法通过采集有限样本点进行拟合得到标定温度,不需处理大量的数据,但存在标定精度较低的问题。

查表法首先根据标定精度的需求确定一个标定步进(例如 0.1 ℃),然后基于红外测温枪测温范围 35~42 ℃,将标准黑体从 35 ℃开始以 0.1 ℃步进逐渐提高至 42 ℃,使用红外测温枪测量每个温度下标准黑体辐射面的温度,得出每个真实温度对应的红外测温枪测得温度,建立温度对照表。在进行实际温度测量时,根据红外测温枪测得的具体温度,进行查表,找到温度对照表中该温度对应的真实温度。需要注意的是,标定步进定的越小,对照表中的数据量越大,标定的精度越高,最终红外测温枪的示数越接近真实温度。

拟合曲线法则选取几个特征温度作为样本点,根据这些点组成的散点图轮廓、实际经验和误差要求,拟合出和实际温度变化最接近的一条曲线。目前拟合曲线最常用的方法是最小二乘法,根据实际测量得到的样本点数据,画出曲线图,按照最小二乘法原理和最小方差要求,基于不同经验公式,比较线性拟合、多项式拟合、指数拟合以及高斯拟合等函数与曲线的吻合程度,选出最吻合的拟合函数。拟合曲线法复杂度较高,往往需要借助计算机程序来进行拟合。

本实验对拟合曲线法进行了简化,简化为两点变换法。将标准黑体的温度先后设为

35 ℃和 42 ℃,使用红外测温枪测量这两个温度下标准黑体辐射面的温度;分别将设定的真实温度(35 ℃和 42 ℃)与红外测温枪测得温度连成直线,对红外测温枪测得温度直线进行斜率截距变换,使其和真实温度线重合,得到此时的斜率和截距变换因数 a 和 b。若红外测温枪测得温度为 x,则真实温度为 $y = ax + b$。

(3)红外测温枪测温精度的影响因素:黑体的温度标定可以在生产环节进行,也可以在现场环境中进行在线标定。在实际环节中,有多个因素会影响温度测量的精确度。

影响测温精确度的主要因素有以下几点:①物体热辐射,如物体温度、表面材质、物体发射率等。②环境因素,如大气、阳光等。③探测器影响,如镜头、内部温度、传感器噪声等。因此要准确测量温度,就需要考虑这些因素的影响,任何一点都会影响最后的测温精度。当然经过较严格的温度标定与校准后,可大大提高红外测温枪的测温精度。

红外测温枪实际测量的是人体的体表温度,与相对稳定的体内温度相比,人的体表温度往往会因为其他因素的变化而发生变化。影响体表温度测量精度的因素有:①环境温度、运动状态、生理差异。人与人之间的体温是不同的,女性体温一般略高于男性体温,儿童体温一般略高于成年人体温。正常情况下,即使是同一个人,根据昼夜节律,体温也会在一天中有所波动,通常凌晨的体温最低,起床活动后逐渐升高,至下午达到高峰,然后又逐渐下降。②测温点的选择。目前大多数人会选择将人的前额作为红外测温的测温点,因为额头的表面无遮挡,毛细血管分布密集,温度分布比较均匀,是较好的测温点。③测量距离。红外测温枪接收物体的辐射功率还会受其与物体距离的影响。相同温度的物体,当其与红外测温枪的距离越远时,红外测温枪接收到该物体的辐射功率也越小。事实上,红外测温枪接收到的物体辐射功率与距离的平方成反比。因而,当使用红外测温枪测量体温时,应当尽可能选取离体表较近的距离,这样才能得到较准确的结果。

基于上述原因,建议测温场所选在环境稳定的室内,并在室内静止片刻后再进行额温测量,这样可大大提升准确度。

本实验主要探究测温点的选择、生理差异、测量距离、障碍物等因素对红外测温枪测量精度的影响。

【实验器材】

红外测温枪、透明玻璃片、书(障碍物)、标定用面源黑体。

【实验内容及步骤】

(1)红外测温枪的测温精度估算

参考步骤:①安装电池,激活红外测温枪。②使用红外测温枪测量额温。③重复十次额温测试,每次间隔 10 s。④记录额温测试结果,估算额温枪的温度精度。

(2)人体不同部位以及不同人之间的体温差异

参考步骤:①使用红外测温枪对额头、手心、手背和口腔分别进行温度测量。②每个部位重复测量三次,每次间隔 10 s。③使用红外测温枪对另一个人的相同部位进行温度测量,每个部位重复测量三次,每次间隔 10 s。④记录温度测量结果,分析人体不同部位以及不同人之间温度差异。

(3)测温距离对红外测温的影响

参考步骤:①使用红外测温枪紧贴住额头,进行额温测量。②分别使红外测温枪在距额头 5 cm、20 cm、50 cm 和 1 m 处进行温度测量。③每个距离重复测量三次,每次间隔 10 s。④记录温度测量结果,分析测温距离对红外测温的影响。

(4)测温角度对红外测温的影响

参考步骤:①红外测温枪垂直于额头表面,进行额温测量。②保持红外测温枪测温距离不变,分别在与额头表面呈 45°角以及近乎与额头表面平行的角度进行温度测量。③每个角度重复测量三次,每次间隔 10 s。④记录温度测量结果,分析测温角度对红外测温的影响。

(5)透明介质对红外测温的影响

参考步骤:①使用红外测温枪对额头进行温度测量。②保持红外测温枪与额头距离和角度不变,中间加入透明玻璃片,重新进行温度测量。③加入玻璃片前后分别进行三次测试,每次间隔 10 s。④记录温度测量结果,分析透明介质对红外测温的影响。

(6)障碍物遮挡对红外测温的影响

参考步骤:①使用红外测温枪对额头进行温度测量。②根据通光孔角度确定额头上的有效测温区域。③用书对有效测温区域进行遮挡,分别在无遮挡、遮挡三分之一、遮挡三分之二和完全遮挡的情况下对额头进行温度测量。④每种遮挡情况重复测量三次,每次间隔 10 s。⑤记录温度测量结果,分析障碍物遮挡对红外测温的影响。

(7)红外测温枪的简单标定

参考步骤:①给标定用面源黑体供电并预热。②将面源黑体温度设定为 36 ℃,等待面源黑体温度稳定后,使用红外测温枪对黑体辐射面进行温度测量。③分别将黑体温度设为 37 ℃、38 ℃和 39 ℃,使用红外测温枪对黑体辐射面进行温度测量。④每个温度重复测量三次,每次间隔 10 s。⑤记录温度测量结果,分析测得温度和黑体实际温度的差别,绘出温度线。⑥将测量温度线的斜率和截距与黑体实际温度线相比较,通过增益和偏置两点变换将测量温度线转化为与实际温度线一致。⑦将红外测温枪测得的温度进行两点变换,则可得到准确的实际温度,完成红外测温枪标定。

【思考题】

(1)与红外测温枪这种非接触测温设备相比,接触式测温设备有什么优点?

(2)红外测温枪借助的中长波红外线和可见光有什么显著的区别?

(3)红外测温枪的光学模块最好选用何种滤光片? 为何很少用带通滤光片?

(4)光学模块中透镜能选用凹透镜吗?

(5)微控制单元(MCU)是通过哪种技术将中央处理器(CPU)、内存等单元整合在一个芯片内的?

5.2.4 红外测温枪装调实践训练

【实验目的】

(1)熟悉红外测温枪的各组成部分及功能。

(2)能够对红外测温枪进行拆卸和复原。

【实验器材】

红外测温枪、螺丝刀。

【实验内容及步骤】

(1)红外测温枪的使用

参考步骤:①安装电池,激活红外测温枪。②使用红外测温枪测量不同物体的表面温度。③记录测量结果。

(2)红外测温枪的拆卸

参考步骤:①取出红外测温枪中的电池。②拆卸位于红外测温枪外壳侧下方的固定螺丝,将拆卸下来的螺丝放在收纳盒的一个单元格中。③轻轻撬下显示屏固定套,然后分开两边外壳,取下电池盖。④将开关扳机和连接的弹簧取下。⑤将电池连接底座从外壳上拆下(注意记录红线和黑线位置)。⑥将连接线从接口处拆下,取出显示屏、红外探测器和主控板(注意记录接线接口连接方式)。⑦拆卸连接光电探测器和光学模块的固定螺丝,拆卸下来的同口径螺丝放在收纳盒的一个单元格中。⑧拆卸主控板与 LCD 显示屏的固定螺丝,拆卸下来的同口径螺丝放置在收纳盒的一个单元格中。⑨确保所有固定螺丝拆除后,捏住主控板,分开主控板与显示屏。

(3)红外测温枪的组装

参考步骤:①将主控板和 LCD 屏用螺丝组装在一起。②将红外探测器和光学模块用螺丝组装在一起。③将显示屏、红外探测器和主控板通过连接线重新连接在一起。④将电池底座固定在红外测温枪壳体上(注意区分红线黑线位置)。⑤找准位置安装弹簧和开关扳机并固定好。⑥将显示屏和主控板放回红外测温枪的一侧壳体上,找好位置并固定。⑦安装两边外壳,在安装过程中将电池盖固定到两边外壳的底部。⑧拼装好两边外壳之后,将连接在一起的光学模块和红外探测器安装固定好。⑨将 LCD 屏的保护圈安装好,对两边壳体进行固定,最后拧紧外壳上的固定螺丝。

(4)验证组装结果

参考步骤:①安装电池,激活红外测温枪。②重新用红外测温枪进行测温。③比较组装前后的测量结果。

【思考题】

(1)为什么本实验所使用的红外测温枪不使用滤光片和透镜也能实现测温?

(2)红外测温枪内部的蜂鸣器与红外探测器配合可实现什么功能?

(3)与数码管相比,显示屏选用液晶显示器有何优点?

5.2.5　补充知识

5.2.5.1　微控制单元(MCU)

微控制单元又称"单片微型计算机"(single chip microcomputer)或者"单片机",是指把中央处理器的频率与规格进行适当缩减,并将内存、计数器、通用串行总线(USB)、数/模(A/D)转换、通用异步收发器(UART)、可编程逻辑控制器(PLC)、直接存储器访问(DMA)等周边接口及 LCD 驱动电路都整合在单一芯片上,而形成的芯片级的微控制单元。对于不同的应用场合,可以做出不同功能的微控制单元。

按用途,微控制单元可以分为通用型和专用型两种。通用型将只读存储器(ROM)、随机存储器(RAM)、输入/输出(I/O)和可擦编程只读存储器(EPROM)等可开发资源全部提供给用户,可进行通用开发。专用型的硬件及指令是按照某种特定用途而设计的,只能实现专用控制。按基本操作处理的数据位数,微控制单元可分为 1 位、4 位、8 位、16 位、32 位、64 位。1 位微控制单元目前已很少使用;4 位和 8 位微控制单元强调简单效能、低成本开发,目前主要用在功能简单且成本要求较低的应用中;16 位微控制单元用在一般的控制应用中,运算能力明显高于 4 位及 8 位,但一般仍不使用操作系统;32 位和 64 位微控制单元常用于高端、复杂的应用,一般使用嵌入式操作系统,效能优秀。按内嵌程序存储器类型,微控制单元可分为无 ROM 型、ROM 型、EPROM 型、电擦除可编程只读存储器(EEPROM)型和增强型。按存储器结构,微控制单元可分为哈佛结构和冯·诺依曼结构。按指令结构,微控制单元又可分为复杂指令集计算机(CISC)和精简指令集计算机(RISC)两种。

5.2.5.2　电路相关知识

电路是由金属导线、电子元器件组成的导电回路。根据流过的电流性质,电路可分为直流电路(DC)和交流电路(AC)。根据所处理信号的不同,电路可分为模拟电路和数字电路。根据电路规模和集成度,电路又可分为集成电路和板级电路。

直流电路是指电流流动方向不变的电路,直流电路的电流大小是可以改变的。交流电路是指电源的电动势随时间作周期性变化,使得电路中的电压、电流也随时间作周期性变化的电路。如果电路中的电压、电流随时间作简谐变化,则该电路被称为"简谐交流电路"或"正弦交流电路",简称"正弦电路"。

将连续性物理自然变量转换为连续的电信号,并运算连续性电信号的电路被称为"模拟电路"。模拟电路可对电信号的连续性电压、电流进行处理,典型的模拟电路有放大电路、振荡电路和线性运算电路等。将连续的电信号转换为不连续定量的电信号,并运算不连续性定量电信号的电路被称为"数字电路",亦称为"逻辑电路"。在数字电路中,信号大小为不连续并定量化的,多数采用布尔代数逻辑电路对定量信号进行处理,典型的数字电路有振荡器、寄存器、加法器和减法器等。

集成电路是一种微型电子元器件或部件,采用氧化、光刻、扩散、外延、蒸铝等半导体制造工艺,把一个电路中所需的晶体管、电阻、电容和电感等元件及布线连接在一起,制作在一小块或几块半导体晶片或介质基片上,然后焊接封装在一个管壳内,构成具有所需电路功能的微型结构。集成电路具有体积小、质量轻、引出线和焊接点少、寿命长、可靠性高、性能好等优点,同时成本低,便于大规模生产。它不仅在工、民用电子设备(如收录机、电视机、计算机等)方面得到了广泛的应用,同时在军事、通信、遥控等方面也得到了广泛的应用。用集成电路来装配电子设备,其装配密度比晶体管提高了几十倍至几千倍,设备的稳定工作时间也大大提高。板级电路又称"印刷电路板"(PCB),是重要的电子部件,是电子元器件的支撑体,是电子元器件电气连接的载体,通常采用电子印刷术制作而成。PCB 主要由焊盘、过孔、安装孔、导线、元器件、接插件、填充、电气边界等组成,按照板层结构可分为单层板、双层板和多层板。PCB 常规元件焊接方法包括用烙铁等工具手工操作的手工焊接和用机器操作的机器焊接两种,手工焊接一般包括绕焊、钩焊、搭焊和插焊,机器焊接一般包括浸焊、波峰焊和回流焊。

5.2.5.3　红外热成像

红外热成像原理与红外测温原理一致,也是通过斯蒂芬-玻尔兹曼定律将接收到的红外辐射能量转化为真实温度。与红外测温枪不同的是,红外热成像不再使用单元红外探测器,而是使用阵列红外探测器,将每个像元对应目标位置接收到的红外辐射能量转化为真实温度,然后转换成灰度图像显示出来,图像中不同的灰度值可呈现出成像区域内各个位置的温度高低与分布。对于目前市面上绝大多数热成像设备来说,为了更清晰地展示图像中不同区域的温度差别,往往会加入伪彩色显示,使用不同的色彩代表不同的温度。

红外热成像利用的是目标物体自身的红外辐射,具有作用距离远的特点。它是一种被动式成像方式,隐蔽性强,且功耗低、寿命长。它利用的中长波红外线的波长远比可见光长,具有更好的大气传输特性,穿透雾、霾、雨、雪成像的能力强。它不需借助照明光和环境光即可成像,具备全天候工作的能力。它不会受到可见光强光的影响,抗干扰能力强。目前红外热成像已广泛应用于医疗、工业、航天、军事等多个领域,图 5.2.12～图 5.2.15展示了红外热成像最具代表性的几项应用。

图 5.2.12　红外热成像人体测温

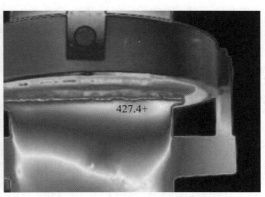

图 5.2.13　红外热成像工业温度监测

图 5.2.14　红外热成像安防监控

图 5.2.15　红外热成像森林防火

第6章　光电工程技能实训

——三片 HTPS LCD 透射式投影仪的拆解组装实训

投影成像显示利用照明光学系统将光源发出的光,聚集到一个或数个空间光调制器 (spatial light modulator,SLM)上,经电光调制使光携带影像信号,再经由投影镜头成像 在屏幕上。光经过空间光调制器的方式大致可分为透射式和反射式两类,不论是透射式 还是反射式投影成像显示,都需要用到一些特殊的光学元件,以较好地收集光源所发出的 光能并均匀地照射到空间光调制器件上。下面先简单介绍几种投影技术,再介绍各种技 术所需的光学元件。

6.1　投影机的系统架构与技术分类

根据光经过空间光调制器的方式,投影机的系结构与技术大致可分为透射式和反射 式两类,前者以高温多晶硅(high-temp poly silicon,HTPS)微型液晶显示面板作为空间 光调制器,后者以数字微镜元件(digital micro-mirror device,DMD)、硅基液晶显示器 (liquid crystal on silicon,LCoS)、光栅光阀(grating light valve,GLV)等器件作为空间光 调制器。目前,市场上的主流投影显示技术有单片 DMD 投影、DLP 反射式投影和三片 HTPS LCD 透射式投影,三片 DMD 投影和三片 LCoS 反射式投影主要用于高端专用投 影机。LCoS 在需要相位调制的全息投影显示中具有广泛的应用前景,GLV 正在从开发 走向应用。

6.1.1　透射式投影技术

透射式投影技术以三片 HTPS LCD 透射式投影为代表,利用液晶的电光调制特性改 变光线的偏振方向来达到光调制的作用。因此必须使用偏光元件将光源发出的光转换成 线偏振光,经 LCD 调制后再用偏光板将偏振光信号转换成影像。单片 LCD 透射式投影 的光能利用率非常差,难以获得高亮度及高解析度,已经被淘汰。目前,市场上的液晶投 影机都是采用三片 LCD 分别产生红、绿、蓝三原色影像,再利用合光系统来合成彩色影像 的。三片式结构的光学系统较为复杂,比较不容易做到轻薄、短小。

根据光机设计不同,三片 HTPS-LCD 透射式投影系统可以先将红光分出,再分蓝、绿光;或是先将蓝光分出,再分红、绿光。图 6.1.1 所示为一种先将蓝光分出,再分红、绿光的三片 HTPS LCD 透射式投影机的光学系统架构。光源发出的光首先经过紫外-红外截止滤光镜(UV-IR filter)滤除其中的紫外光和红外光。成对的积分透镜阵列(integrator lens array)以分割再重叠的方式将光束强度均匀化,并经聚光透镜(condenser lens)、场镜(field lens)和中继光学器件(relay optics)组合将亮度分布转换成与 LCD 面板(LCD panel)一样大的矩形光斑并成像于 LCD 面板上。中继光路包含多个透镜及反射镜,用于补偿第三个光路较长的光程。置于积分透镜阵列和聚光透镜之间的偏光转换器可将光源发出的非偏振光转换成适合液晶极化方向的线偏振光,以增加光能利用率。分色分光镜 DM1 和 DM2 将光源发出的白光分成红、绿、蓝三个光路,经过线偏振器分别照射到三个 LCD 面板上。三个 LCD 面板分别接收影像信号中与红、绿、蓝三个成分对应的电压信号阵列,通过电光调制原理对照射到其上的线偏振光进行调制,再经过面板后的偏光板转换成影像信号。由三个 LCD 面板分别调制的红、绿、蓝三原色影像信号经过 X 棱镜(X-prism)合成,最后经投影物镜(projection lens)成像显示在屏幕上。

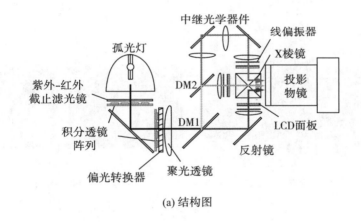

(a) 结构图

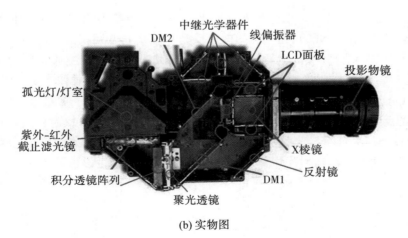

(b) 实物图

图 6.1.1　三片 HTPS LCD 透射式投影机的光学系统架构

多年来在元器件及光机系统厂商的努力下,三片 HTPS LCD 透射式投影技术已经相当成熟,各品牌投影机采用的光学系统架构大同小异,性能表现也差不多。由于元器件(如光源、LCD 面板等)的规格不断改进,投影机的性能也不断改善,目前三片 HTPS LCD 透射式投影机除了体积和质量不如单片 DMD 投影机小以外,在亮度、解析度及色彩表现上都不输于 DLP 反射式投影机,不过在对比度上则略逊于 DLP 反射式投影机。

6.1.2　反射式投影技术

反射式投影机的显示技术主要有 DLP 和 LCoS 两种。

6.1.2.1　DLP 投影技术

DLP 投影技术使用微机电(MEMS)技术,在硅晶片上制作许多微型反射镜片,利用微型反射镜片的摆动达到光调制的作用。DLP 投影技术中的 DMD 晶片构造图如图 6.1.2 所示。由于微型反射镜片反应速度够快,因此可用单片 DMD 配合由红、绿、蓝滤光镜构成的色轮来产生色彩。由于光学系统简单,DLP 投影机容易实现轻、薄、短、小的要求,是其他技术无法相比的。

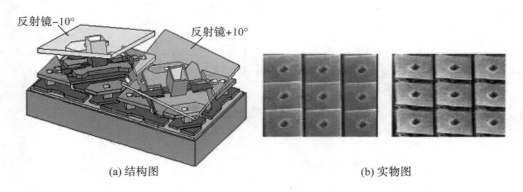

(a) 结构图　　　　　　　　　　　　　　(b) 实物图

图 6.1.2　DLP 投影技术中的 DMD 晶片构造图

图 6.1.3 是单片 DLP 投影机的光学架构之一。光源发出的光经由紫外-红外截止滤光镜滤除紫外光和红外光后,经光源的椭球反光杯或聚光透镜聚焦,透过色轮,再导入积分棒或光管,光在积分棒或光管内多次反射后,在其出光面被转换成亮度均匀的矩形光束,中继光学器件再将此光束透过全内反射棱镜(TIR Prism)成像于 DMD 上,照射在 DMD 上的光经由微镜片阵列的反射调制后,透过投影镜头成像于屏幕上。DMD 上微型反射镜片的反射方向及摆动速率经由 DLP 芯片被影像像素信号控制。当色轮快速旋转时,在 DMD 上产生红、绿、蓝照明光;驱动电路同步提供红、绿、蓝的影像信号给 DMD,如此在屏幕上产生红、绿、蓝时序影像,利用视觉暂留的效应产生彩色影像画面。

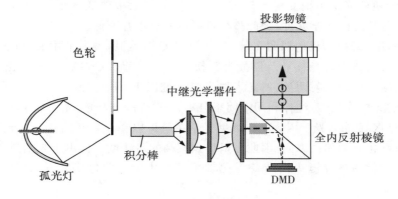

图 6.1.3　单片 DLP 投影机的光学架构

　　DLP 投影技术在使用传统色轮以时序方式产生彩色时,没有用到的、其他颜色的光会被色轮反射回光源,因此只使用不到三分之一的光,其光学效率比不上三片 HTPS LCD 投影系统。为了提升 DLP 在亮度上的竞争力,德国仪器国际贸易有限公司(TI)在 2001 年的信息显示协会(SID)年会上发表以滚动彩色(scrolling color)的方式来产生色彩的技术,配合使用连续色彩补偿(sequential color recapture,SCR)技术,只需要改变色轮和积分棒的设计,不需要增加任何元器件即可增加大约 40% 的系统光学效率。滚动彩色技术是将螺旋状的色轮放在积分棒的出光面,中继光学系统将色轮上的红、绿、蓝色带成像于 DMD 上,旋转色轮与时序合色如图 6.1.4 所示。当色轮快速旋转时,色带沿着 DMD 面板横轴或纵轴方向移动,同样可以利用视觉暂留效应产生彩色画面。

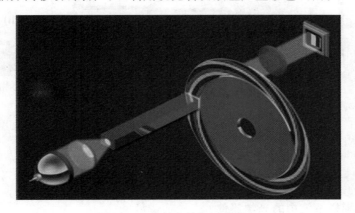

图 6.1.4　旋转色轮与时序合色

6.1.2.2　LCoS 投影技术

　　LCoS 利用将液晶夹在玻璃面板及含有 CMOS 驱动电路的硅晶片之间的方法,构成反射式光调制器。LCoS 投影技术是结合半导体工艺及液晶面板制作两种成熟技术而产生的新的应用技术,具有高解析度及低成本的潜力。

　　由于 LCoS 是反射式液晶显示器,玻璃面板的上方必须同时容纳入射光和反射光,而且反射光必须与入射光走不同的路径才能进入投影物镜完成投影成像,这使得三片

LCoS 投影机的光学系统变得比较复杂。虽然玻璃面板的成本较低,但光学系统需要用到许多其他特殊的光学元件,因此整个投影机的成本并不低。

此外,LCoS 投影机的照明系统与 LCD 投影机类似,大都采用成对的积分透镜阵列及偏光转换器作为匀光整形及偏振光转换器件。目前,LCoS 投影机的光学系统的设计有斜向入射及正向入射两类,斜向入射光学系统以 Aurora(原 S-Vision,开发 LCoS 的著名公司)的光机为代表,纯粹利用空间来分离入射光和出射光,光斜向射入并射出玻璃面板,再透过 X 棱镜合光。因为斜向入射光学系统可以在入射光路及出射光路上分别加入偏光板来纯化光的偏振方向,因此可以得到较高的对比度。但由于光是斜向入射的,使得玻璃面板对位调整及镜头设计变得比较困难。从量产的角度来看,这并不是个很好的设计。

由于正向入射光学系统是靠偏振分光棱镜(PBS)来分离入射光及出射光的,而分光及合光则是利用分色镜或色彩选择(ColorSelect)来实现的。目前,有正向入射光学系统的商业产品有国际商业机器公司(IBM)的 4-cube、彩键(ColorLink)采用的 ColorQuad 及株式会社日立制作所(Hitachi)的 3-PBS。4-Cube 投影系统架构如图 6.1.5 所示,光源发出的光被匀光整形后,由分光镜(DM1、DM2、DM3)分成三原色,分别透过偏振分光棱镜照射到三个显示器[LCoS(R)、LCoS(G)、LCoS(B)]上,经过调制转换成另一方向的偏振光,透过 X 棱镜及投影物镜合成彩色影像。4-Cube 架构的优点是不用到特殊的光学元件,缺点则是用到的元件较多,体积较大。

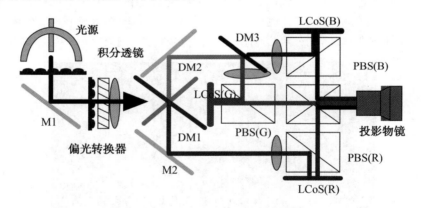

图 6.1.5   4-Cube 投影系统架构

6.1.3 投影机系统中的光学器件

前面已经介绍了几种投影技术的光学架构,而其所需的光学元件则依据投影技术与设计的不同而有所不同。下面分别介绍三片 HTPS LCD 透射式投影机和 DLP 反射式投影机两种主流投影机的光学元件。

6.1.3.1 三片 HTPS LCD 透射式投影机的光学元件

三片 HTPS LCD 透射式投影机用到的光学元件从光源到屏幕依次有紫外-红外截止滤光镜、积分透镜阵列、偏光转换器、分色镜、X 棱镜、投影物镜,这些元件的功能介绍如下：

（1）紫外-红外截止滤光镜：紫外-红外截止滤光镜是在玻璃上以真空蒸镀工艺制作的薄膜元件，其作用是滤除光源中非白光（约 450～680 nm）部分的紫外光和红外光，以避免紫外光伤害玻璃面板及偏光板，并减少红外光产生的热量，以降低光学元件及玻璃面板的工作温度。在使用时，除了玻璃基板必须能够承受光源的热冲击而不破裂外，长久工作在高温及强光照射下其膜层不会脱落，也是好的紫外/红外截止滤光镜须具备的条件之一。

选择紫外-红外截止滤光镜规格时，一般是在目标价格内选择可见光部分透过率高的，其余部分透过率越低越好。

（2）积分透镜阵列：LCD 投影机所用光源的反光杯（反光罩）大多是抛物面，发出的光为接近平行光的圆形光束，其均匀度很差。积分透镜阵列的功能是将光源发出的光均匀化，并将圆形光束截面转换成跟玻璃面板一样的矩形面，以增加光源的使用效率。积分透镜阵列必须成对并结合聚光透镜使用，设计上积分透镜阵列的透镜长宽比跟 LCD 面板一样，如图 6.1.6 所示。第一片积分透镜阵列将光源发出的光分割并聚焦到第二片积分透镜阵列上，第二片积分透镜阵列与聚光透镜共同将第一片积分透镜阵列上的每一个透镜成像并重叠到 LCD 面板上，如此利用对称性的重叠，可以得到非常均匀的矩形照明面积。积分透镜阵列一般是用玻璃或聚合物采用注膜工艺制作而成的，既要保证其表面的光洁度，同时为了增加光能利用率，表面通常镀有减反增透膜和紫外-红外截止滤光镜膜层，因此制作难度较大。

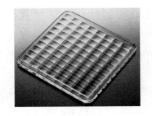

(a) 积分透镜阵列

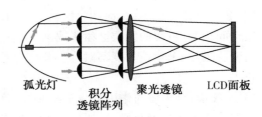

(b) 光源、积分透镜及聚光透镜

图 6.1.6　匀光整形系统

（3）偏光转换器：偏光转换器的作用是将光源发出的非偏振光转换成适合 LCD 面板的偏振光，其工作原理如图 6.1.7（a）所示。偏光转换器是由截面为平行四边形的条状玻璃柱所构成的阵列，采用多层真空镀膜技术在玻璃柱间的 45°角界面间形成相间隔的反射面及偏振光分束面，当非偏振光（即同时含有 S 偏振光及 P 偏振光的光）入射到偏振光分束面时，S 偏振光和 P 偏振光会被分开，P 偏振光直接透过玻璃柱，而 S 偏振光则被反射至反射面然后再被反射出来，如果在 P 偏振光的出光处贴一层 1/2 波片将 P 偏振光转换成 S 偏振光，这样便可以将非偏振光转换成 S 偏振光。

在 LCD 投影机光学系统中，偏光转换器一般要跟积分透镜阵列配合使用，如图 6.1.7（b）所示。第一片积分透镜阵列将光源发出的光聚焦并透过第二片积分透镜阵列，然后射到偏光转换器的偏振转换界面上，经过偏光转换后，聚光透镜再将光聚集重叠在面板上。

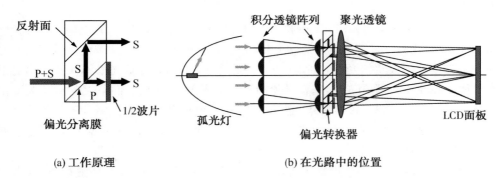

(a) 工作原理	(b) 在光路中的位置

图 6.1.7　偏光转换器的工作原理及在光路中的位置

偏光转换器的制作:在适当厚度的玻璃平板上以蒸镀方式镀上偏光分离薄膜或反射膜,将镀有不同薄膜的玻璃平板相间堆叠黏合后,沿着黏合面 45°角方向切割成适当厚度的条状玻璃柱,将切割面研磨抛光,贴上条状 1/2 波片,然后镀上减反增透膜。

(4)分色镜:分色镜又被称为"二向色镜"(dichroic mirror),其作用是将光源发出的白光分解成红、绿、蓝光束,分别照射显示红、绿、蓝影像信号的面板。根据投影机设计不同,分光的次序可以是先分红光,再分蓝、绿光,或是先分蓝光,再分红、绿光。

在 LCD 投影机的光学系统中,光束经过第一片聚光透镜聚焦后,以发散的方式通过摆放成 45°角的分光镜,光线进入分光镜的角度上下不对称。由于光线所经过的膜层厚度不同,分光的特性也不同,因此膜层厚度均匀的分色镜无法得到颜色一致的分光。为了解决这个问题,分色镜的膜层必须采取渐变膜(gradient coating),以斜向蒸镀的方式制作厚度渐变的膜层,来补偿角度不对称。分色镜是多层膜元件中的一种,一般采用离子辅助镀膜技术。

(5)X 棱镜:X 棱镜的作用是结合经 LCD 面板调制后的三原色光束,使其能够透过投影镜头在屏幕上形成彩色影像,所以又被称为 X 型合光合色棱镜。X 棱镜由四个直角棱镜黏合而成,黏合之前需要在棱镜表面镀上二向色膜层(dichroic coating)及减反增透膜。X 棱镜可让绿光直接透过,红光和蓝光则由两侧入射,在 45°界面处经二向色膜层反射后与绿光重合在一起,如图 6.1.8 所示。在红光跟蓝光波段,二向色膜层一般针对 S 偏振光进行优化,而在绿光波段则可针对 P 偏振光或 S 偏振光进行优化。

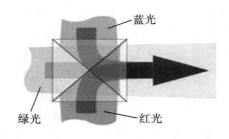

图 6.1.8　X 棱镜

由于 X 棱镜位于 LCD 面板与投影物镜之间,属于成像系统的一部分,其光学品质会影响成像品质,尤其是直角棱镜结合处棱线间隙缝必须保持在 5 μm 以下,否则屏幕上就会出现条状纹路。因此制作 X 棱镜时必须使用一些特殊的技术,尤其是棱镜的黏合与镀膜,各厂商有不同的制作技术与工艺。

(6)投影物镜:投影物镜的作用是将 LCD 面板显示的内容放大成像于投影屏幕上。投影物镜分为前投影镜头与背投影镜头,背投影镜头有定焦、广角、低失真(distortion)、低渐晕(vignetting)等多种规格,前投影镜头有变焦、定焦两种规格。变焦镜头可以在固定的投影位置上,改变镜头的焦距来改变投影的尺寸。定焦镜头则须移动投影机的位置来改变影像的大小,使用上比较不方便。市面上的投影机大都配有变焦镜头。图 6.1.9 所示镜头是松下电器生产的 PT-BX 系列、PT-SL 系列和 PT-FD 系列投影镜头,都可手动定焦/变焦。

PT-BX系列　　　　　　　　PT-SL系列　　　　　　　　PT-FD系列

图 6.1.9　松下电器系列投影镜头

LCD 投影机投影物镜的光学架构大多采用远心设计,镜头的 F 值必须跟照明系统或 LCD 面板上微透镜的 F 值(口径比)相匹配。目前使用微透镜的投影机的 F 值要在 1.7 左右,才能发挥最好的效率。微透镜在投射比投影距离与画面宽度之比值方面则有越来越小的趋势。过去投影机在 2.4 m 处可以投出 60 in(1 in≈2.45 cm)的画面,现在有些投影机在 1.8 m 处即可投出 60 in 的画面。目前越来越多的投影机采用超短距、大幅面的投影镜头。此外,小型化与轻量化也是投影机发展的重要趋势。

6.1.3.2 DLP 投影机的光学元件

单片式 DLP 投影机所用到的光学元件相对较少,较特殊(与 LCD 投影机不同)的光学元件有色轮、积分棒、中继透镜及全反射棱镜等。

(1)色轮:在 DLP 投影机中,色轮的作用是通过高速旋转将复合光(如白光)按时序分成红、绿、蓝三原色光,只有单片式 DLP 和双片式 DLP 投影机需要安装色轮,三片式 DLP 投影机不需要安装色轮。传统色轮是由红、绿、蓝滤光镜构成的环状色盘,由马达带动快速旋转,如图 6.1.10(a)所示。一般前投式 DLP 投影机采用的色轮会有一小段透明的部分,用来增加亮度。时序性色轮的色盘有黏贴式及整体式两种,黏贴式色轮是用扇形滤光镜贴在马达转轴上构成的,而整体式色轮则是在圆形玻璃基板上直接镀出色盘。不论是黏贴式色轮还是整体式色轮,都要求有较高穿透率,且相邻颜色间的界限不能太大(小于

0.15 mm)。另外,色轮旋转时不晃动及噪声小也是重点。

连续色彩补偿色轮滤光镜如图 6.1.10(b)所示,其旋转图案的作用是让色轮旋转时色带能以固定的速率由上往下移动。由于旋转图案是被成像到 DMD 上,各颜色间界限要求更为严格(小于 50 μm),已不是一般真空镀膜工艺所能达到的,必须使用光阻及黄光的刻蚀工艺(photolithography),因此制作成本会比传统色轮高很多。

(a) 传统色轮　　　　　　　　　　　　　　(b) 连续色彩补偿色轮

图 6.1.10　色轮

(2)积分棒:积分棒的功能与 LCD 投影机中的积分透镜阵列类似,可将光源发出的光均匀化,并整形为矩形。积分棒可以看作是根截面为矩形的波导,利用不同角度的光线在壁面经过不同次数反射后,在出光面重叠、重新分布,其工作原理如图 6.1.11 所示。

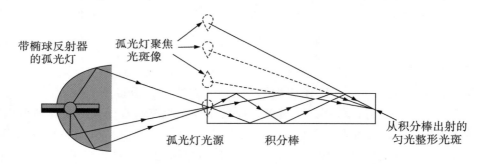

图 6.1.11　积分棒的工作原理

积分棒可以是空心的,也可以是实心的。空心积分棒是用四片镀有高反射膜的平板玻璃黏合而成的;实心积分棒则是将矩形玻璃棒的表面研磨抛光,让光能在积分棒的侧壁内表面全反射。实心积分棒制作比较容易,结构也比较坚硬,但是要以较长的长度才能使光均匀化,且夹持比较困难(夹持处的全反射会被破坏)。空心积分棒结构比较脆弱,但使用较方便,不会影响光线,因此目前 DLP 投影机大都使用积分棒。

采用时序色彩及连续色彩补偿技术的积分棒也有所不同,采用连续色彩补偿技术的积分棒的入光面约 2/3 的面积为反射面,以提高光回收效应。

此外,空心积分棒的反射膜要求比较高,除了要耐高温外,在整个可见光范围内对于大入射角的光要有高反射率,以提高积分棒的光学效率。耐高温的高反射膜制作难度较大,需要使用高阶的镀膜设备。

(3)中继透镜:中继透镜的作用是将积分棒出光面射出的光放大并成像到 DMD 上。由于从积分棒射出的光角度分布较广,因此一般需要用非球面透镜搭配球面透镜来构成中继透镜。玻璃非球面透镜的制造要求很高。

(4)全反射棱镜:在远心架构的 DLP 投影机中,全反射棱镜用来分离入射光与反射光,并缩短投影机镜头与 DMD 间的距离。全反射棱镜是由两个三角棱镜黏合而成的,如图 6.1.12(a)所示。三角棱镜黏合前所有透光的表面须镀上抗反射膜,黏合的界面镀大角度抗反射膜,且间隙必须维持在 $5\sim10~\mu m$ 之间,让入射光能够在界面发生全反射射向 DMD。经过微透镜调整后的出射光能穿过全反射棱镜,透过镜头在屏幕上成像。全反射棱镜不透光的表面一般需要涂黑,从而吸收杂散光,增加影像的对比度,其实物图如图 6.1.12(b)所示。

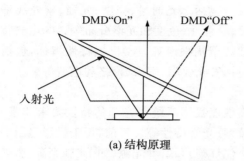

(a) 结构原理　　　　　　　(b) 带保护外壳的实物图

图 6.1.12　全反射棱镜的结构原理与实物图

6.1.4　投影显示常用光源简介

6.1.4.1　光源概述

在物理学上,光源是指能辐射一定波长范围的电磁波(包括可见光与紫外线、红外线、X 射线等不可见光)的物体,通常是指能发出可见光的发光体,如太阳、恒星、打开的电灯以及燃烧着的蜡烛或其他物质等。人们的日常生活离不开可见光光源。可见光以及不可见光的光源还被广泛应用于工业、农业、医学和国防现代化等领域。月亮、桌面、衣物、花草树木等物体依靠它们表面反射/散射外来光,使人们看到它们,这样的物体一般不能称为光源。

依据不同分类方式,光源可分为不同类别,如自然(天然)光源和人造光源、相干光源和非相干光源、日常照明光源和各种专用光源等。根据发光原理,光源可分为以下几类:

(1)热效应发光光源:热效应发光光源是依靠燃烧或加热发光的光源,如白炽灯、卤钨灯、蜡烛、炽热燃烧的铁块及煤炭等,此类光源发出的光随着温度的变化而改变颜色。

(2)气体放电光源:气体放电光源是电流流经气体或金属蒸气,使之产生气体放电而发光的光源。气体放电有弧光放电和辉光放电两种,放电电压有低气压、高气压和超高气压三种。弧光放电光源包括荧光灯、低压钠灯等低气压气体放电灯,高压汞灯、高压钠灯、金属卤化物灯等高气压气体放电灯,超高压汞灯等超高压气体放电灯,以及碳弧灯、氙灯、某些光谱光源等放电气压跨度较大的气体放电灯。辉光放电光源包括利用负辉区辉光放电的辉光指示光源和利用正柱区辉光放电的霓虹灯,二者均为低气压放电灯。

（3）电致发光光源:电致发光光源是在电场作用下,使固体物质发光的光源,可将电能转变为光能,包括场致发光光源和发光二极管两种。发光二极管是一种能够将电能转化为可见光的固态半导体器件。

（4）受激辐射发光光源:受激辐射发光光源通过激发态粒子在受激辐射作用下发光,可以获得从短波紫外线到远红外线的输出光波。受激辐射发光光源发射的光具有单色性好、方向性好、强度高等特性,属于相干光源。这种光源又被称为"激光光源"或"激光器"。

（5）辐射发光光源:辐射发光光源是物质内部带电粒子加速运动时产生光的光源,如同步加速器（synchrotron）;另外,原子炉（核反应堆）发出的淡蓝色微光（切伦科夫辐射）也属于辐射发光。

光源技术性能指标包括:①光量特性指标,包括总光通量、亮度、光强、紫外线量和热辐射量等。②光色特性指标,包括光色、色温、显色性、色度和光谱分布等。③电气特性指标,包括消耗功率、灯电压、灯电流、启动特性和干扰噪声等。④机械特性指标,包括几何尺寸、灯结构和灯头等。⑤经济特性指标,包括发光效率、寿命、价格和电费等。

6.1.4.2　投影显示用光源简介

光源是投影显示亮度和色彩的源头。高性能投影系统对光源的特性要求非常高,包括光源的寿命、亮度、色温、光谱、电光转换效率、光学特性等。目前,用于投影显示的光源可分为传统光源（如超高压汞灯、超高压短弧氙灯等）和新型光源（如 LED 光源、激光混合光源、激光光源等）两种。

（1）传统光源:超高压短弧氙灯和超高压汞灯属于高强度气体放电灯,都工作在融凝石英玻壳内,工作时内部温度都很高,灯泡内的电极形成弧间流动电流并发光。二者在结构上非常接近,但是在电气特点上有很大差异:①超高压汞灯工作电流小于 5 A,短弧氙灯工作电流最大可达 50 A;②超高压汞灯亮度最高可达到 6000 lm 以上,短弧氙灯最亮可达 40 000 lm;③超高压汞灯功耗一般小于 500 W,短弧氙灯功耗最大可达 5000 W;④超高压汞灯电弧极距小于 1.3 mm,短弧氙灯电弧极距一般大于 4 mm 且小于 10 mm;⑤超高压汞灯内部填充的是汞蒸气和氩气,短弧氙灯内部填充的是氙气;⑥超高压汞灯有直流电型和交流电型两种,而短弧氙灯只有直流电型;⑦超高压汞灯设计的比较小巧,灯芯尺寸一般不大于 70 mm,而短弧氙灯尺寸比较大,灯芯长度一般都大于200 mm。一般小型商教投影机采用的都是超高压汞灯,而体积较大的工程投影机会采用短弧氙灯。下面以一款飞利浦超高压汞灯（见图 6.1.13）为例说明其光谱特性。

图 6.1.13　飞利浦超高压汞灯

　　飞利浦超高压汞灯由放电管和反光杯等组成。放电管是发光的核心部件,反光杯的主要作用是产生平行或聚焦的光束,满足光学系统的要求。普通的高压汞灯工作时汞蒸气压力为几个标准大气压,辐射以线光谱为主,而且需要用荧光粉将紫外辐射转换成可见光,显色性差,光效低。而飞利浦超高压汞灯的汞蒸气工作压力超过 200 个标准大气压,光效和显色性都有极大的提高。而且汞作为飞利浦超高压汞灯唯一的发光物质,电弧发光颜色均匀,没有金属卤化物灯发光颜色不均匀的问题。图 6.1.14 所示曲线是一款改进型飞利浦超高压汞灯的光谱曲线,其汞蒸气工作压力达到 250 个标准大气压,光谱性能有较大改善。

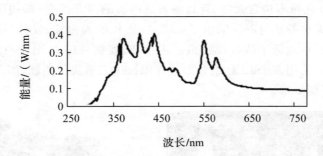

图 6.1.14　改进型飞利浦超高压汞灯的光谱曲线

　　放电管发光经反光杯反射产生平行光或聚焦光,抛物面反光杯产生平行光,椭圆面反光杯产生聚焦光。反光杯内壁的耐高温特殊涂层对可见光辐射具有很高的反射率,而对红外辐射和紫外辐射具有较低的反射率。透过涂层的红外辐射透过反光杯玻璃从后部发射,透过涂层的紫外辐射被反光杯玻璃吸收。因此从反光杯前端出射的光谱分布发生了改变。

　　在投影显示系统中,光源发出的光一般先经过分色片分色,然后由图像信号处理后再合色,最后通过投影镜投射到屏幕上。因此光源的光谱颜色分布要均衡,否则为了达到相应的色温要求,会损失一部分光效。图 6.1.15 所示曲线是 RGB 滤色片光谱透光率曲线及超高压汞灯光谱曲线,从中可以看到超高压汞灯 RGB 三原色能量较平衡。

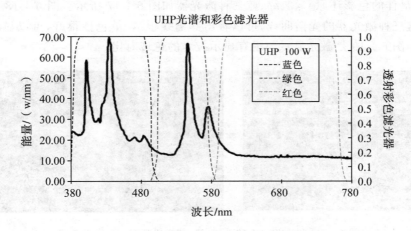

图 6.1.15　RGB 滤色片光谱透光率曲线及超高压汞灯光谱曲线

（2）新型光源：新型光源主要有 LED 光源、激光混合光源、激光光源等。

LED 光源的主体是一块电致发光的半导体材料，在它两端加上正向电压，电流从阳极流向阴极，半导体晶体就会发出从紫外光到红外光的不同颜色的光线，电流越强，发出的光越强。LED 的发光原理不同于传统的超高压汞灯，在发光过程中不会产生大量热量，因此寿命都可以达到 1 万小时以上。随着投影设备的日益普及，在日常生活中，LED 投影机所占市场份额越来越大。LED 用作投影光源的主要优点有：①光谱特性好，显示色域大。②使用寿命长，节能环保。LED 光源衰减慢，1 万小时只衰减 5%。在科学合理的使用情况下，LED 的寿命可达 5 万小时，整机功耗低。LED 是冷光源，光线中不含红外光和紫外光。LED 光源不包含汞等，且具备普通电器的即开即亮、即关即灭特性，免去了普通投影机的开、关机等待时间。③由于 LED 投影机的寿命长、发热量小、高可靠性，其整机的维护、售后成本远低于传统投影机。④小巧、便携。LED 用作投影光源的主要缺点是亮度低，但可以采用多个 LED 组合形成光源模组来解决该问题，如图 6.1.16 所示，但还是难以达到高亮度要求。

(a) LED　　　　　　　　　　　　　　(b) LED投影光源模组

图 6.1.16　LED 和 LED 投影光源模组

激光光源具有单色性好、亮度高、方向强、节能环保等优点。激光显示技术以三原色激光为光源，可实现大尺寸、高亮度、高对比度显示，能最大程度地再现自然界丰富艳丽的色彩，实现最佳的色彩还原。红、绿、蓝三种激光器如图 6.1.17 所示。图 6.1.18 所示曲线是红、绿、蓝三种激光器的光谱曲线，可以看出其谱线很窄，单色性很好，可以显示更大的色域范围。图 6.1.19 是激光显示与现有显示技术的色域对比。

 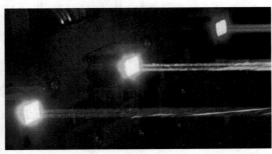

图 6.1.17　红、绿、蓝激光器

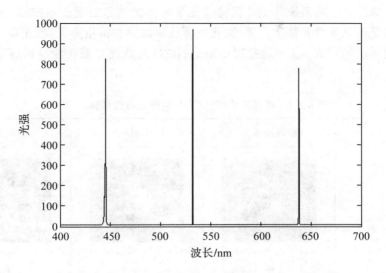

图 6.1.18　红、绿、蓝三种激光器的光谱曲线

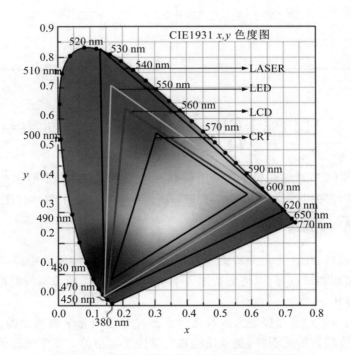

图 6.1.19　激光显示与现有显示技术的色域对比

　　目前,激光显示技术的相关研究有很多,发展也很快,已有部分激光投影机或激光影院产品上市。但目前市场上的激光显示设备还不是真正的激光显示,因为其所采用的光源中红、绿、蓝三色光不是全部采用激光光源,而是一种激光混合光源。在这种混合光源中,蓝色激光是由蓝光半导体激光器产生的,绿色激光是由蓝色激光激发色轮上的荧光粉产生的,而红色激光是由红光 LED 或者蓝色激光激发色轮上的荧光粉产生的。采用混合

光源的目的是降低成本和系统体积。目前绿光半导体激光器发展还不成熟,功率低且价格高。随着绿光半导体激光技术发展、激光光源技术成熟和价格降低,激光显示技术会得到充分的发展和应用。表 6.1.1 是超高压汞灯、LED 及激光光源作为投影显示光源的一个简单比较。

表 6.1.1　超高压汞灯、LED 和激光光源性能比较

	超高压汞灯	LED	激光光源
亮度	高	低	高
寿命	短	长	长
色域	小	中等	大
是否环保	否	是	是

6.2　三片 HTPS LCD 透射式投影仪的拆解组装实训

三片 HTPS LCD 透射式投影仪采用典型的光、电结合系统,本节主要结合实验讲述投影仪的各个部件的组成及工作原理,在进行实验前需要详细了解实验注意事项。

6.2.1　实验注意事项

(1)光学元器件:在进行光学实验前,学生必须学习和了解实验中经常用到的光学元器件的操作方法和调试技巧,以便更快地入手实验,并避免因操作不当而造成光学元器件的不可修复性损坏。

透镜、波片、偏振片和光栅等大多数光学元器件都是由光学玻璃经抛光、镀膜等工艺制作成的,是极为精密的元器件,机械性能和化学性能都很差。光学元器件表面被污染将影响光的透过率与反射率等,且这些元器件不耐摩擦、化学腐蚀与强烈的冲击和碰撞。为了安全使用光学元器件和光学仪器,必须遵守下面的原则:

①必须在熟悉光学元器件的性能与使用方法之后才能进行使用与操作。

②轻拿轻放,勿使光学元器件受到冲击、碰撞,特别注意不能从手中滑落。

③手拿光学元器件时切忌用手触摸"工作面",以防脏污、腐蚀光学面而造成永久性损坏。

④若发现光学元器件的工作面有灰尘,应用专用的干燥脱脂棉轻轻擦拭或用橡皮球吹去,不要用嘴吹;若发现光学元器件表面上已被轻微污染或有较轻的印记,可以用干净的镜头纸轻轻擦去,擦拭时不能太用力以免划伤光学元器件(一般光学玻璃的硬度比普通窗玻璃软),更不要用普通纸、手帕、毛巾或衣物等物品进行擦拭。

⑤在对光学系统进行调整时,要耐心、细致,边调整,边观察,动作要轻、柔、慢,不要粗鲁与盲目操作。

⑥若实验过程中出现反常的现象,应及时将现象记录或存储下来,向指导教师请教或分析。

⑦用完光学元器件后应当及时整理,放回原处,防止灰尘污染。若长期闲置不用,应将光学元器件放入干燥皿中保存。

注:应查找资料,详细了解光学元器件的清洗方法。

(2)主板电路:投影仪为完善的精密光机电设备,主板电路采用大量的贴片元器件,集成度高,实验过程严禁用硬物直接触碰电路板,严禁弯曲电路板。

(3)固定用螺丝:投影仪各部分固定用螺丝的规格尺寸不一,拆装过程中要严格做好记录,分类放置。当有细小螺丝掉落到投影仪内部时,需要及时用带有磁力的螺丝刀吸出,避免遗落在机箱内,损坏电路及光学元器件。

6.2.2　典型光电系统——投影仪认知

本节以三片 HTPS LCD 透射式投影仪为例介绍典型的光电系统。三片 HTPS LCD 透射式投影仪主要包括主板、光学引擎、电源电路及高压电路,辅助元件有测温器件、冷却风扇、进排气通道等,如图 6.2.1 所示。

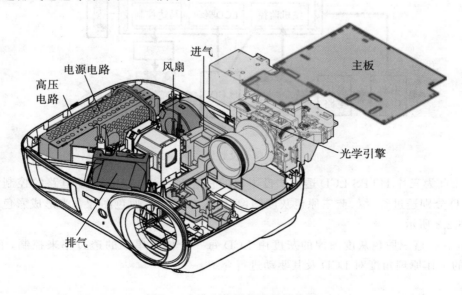

图 6.2.1　典型投影仪主要结构图

主板上有信号处理电路和控制电路。信息处理电路主要接收计算机等设备发出的视频图像信息,并将这些信息进行图像转换,得到 LCD 驱动信号。信息处理电路还接收音频、视频文件中的音频信息,经音频电路放大后输送至扬声器。控制电路的核心是主控微处理器,主要用于接收操作指令,并输出对投影仪各种电路进行具体控制的命令,如接收信息处理电路发出的信息,通过 LCD 驱动对 LCD 进行控制,实现对投影图像亮度、对比度、色度等方面的控制;接收马达控制信息,实现自动调焦、变焦等控制。另外,控制电路还包括存储器数/模、模/数变换器、整机监测控制电路等。

　　电源电路主要用于对交流供电电源进行转换,一方面提供主板正常工作所需的各种不同直流电源,另一方面对高压电路进行供电。高压电路则主要通过电源变换,产生高压,对投影仪光源供电。

　　光学引擎主要包括 LCD、光源、紫外-红外截止滤光镜、积分透镜阵列、聚光透镜、场镜、中继光路、偏光转换器、分色分光镜、线偏振器、X 棱镜以及投影镜头,各光学元器件的工作原理详见 6.1.3 节。

　　典型投影仪运作示意图如图 6.22 所示,本节主要介绍三片 HTPS LCD 透射式投影仪的各个部件的结构及工作原理,对于暂时不具备实验条件的 LCD 及其驱动、电源电路及高压电路等部件以原理介绍为主。对于光学引擎的其他部件,相关基础知识已在第 1 章进行了详细介绍。

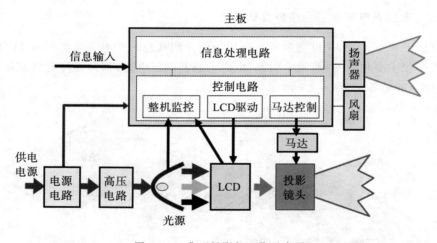

图 6.2.2　典型投影仪运作示意图

　　LCD 为三片 HTPS LCD 透射式投影仪的核心部件,在 LCD 驱动电路的控制下,三片 LCD 分别透过红、绿、蓝三原色灰度图像,由 X 棱镜对三原色图像合光形成彩色图像,如图 6.2.3 所示。

　　红、绿、蓝三原色灰度图像的灰度由 LCD 每一个像素单元的透过率来控制,下面从 LCD 的工作原理角度对 LCD 及其驱动进行介绍。

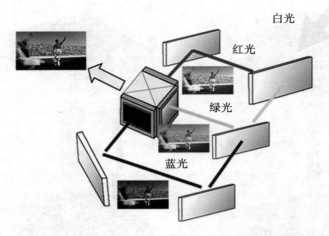

图 6.2.3　三片 HTPS LCD 透射式投影仪三基色图像合光成像

透射式投影仪最常采用的 TFT-LCD 全称薄膜晶体管液晶显示器,每个像素单元主要由薄膜场效应晶体管(TFT)、液晶、电极等组成,其基本结构如图 6.2.4 所示。

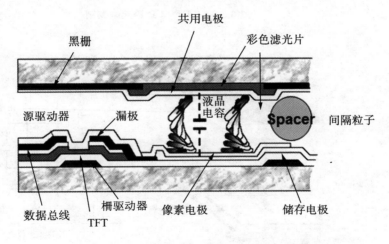

图 6.2.4　TFT-LCD 的基本结构

TFT-LCD 透光率控制如图 6.2.5 所示,等效电路及其透光率控制过程如图 6.2.6 所示。液晶分子可以改变光的极化状态,当偏振光穿过液晶分子时,光的偏振方向发生变化。TFT-LCD 通过 TFT 电压控制开关来控制液晶分子两端的电压,在不同压差下,液晶分子的翻转程度不同,对光偏振方向扭转程度也不相同,从而达到控制光透过率的目的。

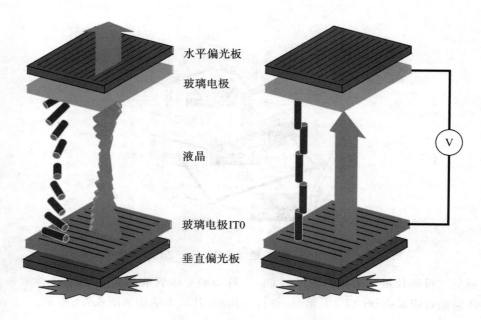

图 6.2.5　TFT-LCD 透光率控制

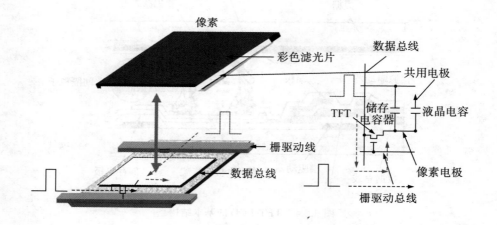

图 6.2.6　TFT-LCD 等效电路及其透光率控制过程

6.2.3　基于投影仪的基本光学实验

6.2.3.1　三片 HTPS LCD 透射式投影仪拆解实验

【实验目的】

(1)通过投影仪拆解直观了解三片 HTPS LCD 透射式投影仪的结构。

(2)认识投影仪中的光学元器件及其在投影仪中的作用。

(3)根据拆解过程绘制投影仪中的光路图。

【实验器材】

三片 HTPS LCD 透射式投影仪、拆解工具箱及收纳盒。

【实验内容与步骤】

(1)准备工作:清理工作台面,使台面整洁无杂物,摆放好工具箱和收纳盒。

(2)光源(灯泡)拆卸:实验用投影仪光源需要高压驱动,为避免危险,实验过程不采用原配光源,因此需要先拆除光源。本实验所用投影仪的光源采用底部安装的方式。

上网查找各种投影仪用光源的主要类型、型号、主要参数和工作原理,填入表 6.2.1。

表 6.2.1　投影仪用光源情况表

序号	类型	型号	参数	工作原理
1				
2				
3				
……	……	……	……	……

(3)投影仪外壳拆卸:①拆卸过程中严格做好实验记录,前后均拍照记录。②投影仪外壳的固定螺丝一般位于投影仪的侧边,有的位于投影仪的机箱底部,一般固定用螺丝口都会有箭头标志。拆卸下来的同口径螺丝需要放在收纳盒的同一个单元格内。③投影仪外壳大都装有控制按键或遥控接收部件,通过信号线与主板互联,因此取下外壳时要注意力度,轻拿轻放。

(4)控制电路拆卸:①拆卸过程中严格做好实验记录,前后均拍照记录。②拆卸主板电路时要注意螺丝的规格及位置,所有接插件(LCD 排线、控制电路与其他部件互联的排插线)全都拆完才可以将电路板拆卸下来,拆卸下来的同口径螺丝要放在收纳盒的同一个单元格内。③主控板及主机后的面板接口电路均采用刚性板对板连接器垂直连接,主板要与接口电路板一起取下。

(5)光学引擎盖板拆卸:①拆解过程中严格做好实验记录,前后均拍照记录。②拆除光学引擎盖板与固定底座的螺丝,拆卸下来的同口径螺丝要放在收纳盒的同一个单元格内。确保所有固定螺丝拆除后,抓紧盖板上表面凸起,轻轻晃动,盖板松动后,竖直向上慢慢取下盖板。③盖板上一般会固定部分光学元器件,取出盖板后倒放,避免损坏光学元器件。④记录盖板上光学元器件的类型,课后查询资料,了解其工作原理和在投影仪中的主要功能,填入表 6.2.2。

表 6.2.2　投影仪光学引擎盖板上的光学元器件情况表

序号	类型	工作原理	投影仪中功能
1			
2			
3			
……	……	……	……

（6）光学引擎光路学习及 3LCD-X 型合色合光棱镜拆卸：①拆解过程中严格做好实验记录，前后均拍照记录。②拆除光学引擎盖板后，露出投影仪主光路，记录光路中光学元器件的类型，课后查询资料，了解其工作原理和在投影仪中的主要功能，填入表 6.2.3。特别注意，主光路中各光学元件并完全未固定，实验过程中严禁将仪器倒置，以免元器件滑落，导致损坏。③用内六角扳手拆下 3LCD-X 型合色合光棱镜四角处的螺丝，待其松动后取出。注意：严禁直接拉动排线，严禁用手直接碰触 3LCD-X 型合色合光棱镜表面，以免污染光学元器件表面薄膜。④记录 3LCD-X 型合色合光棱镜组成，课后查询资料，了解其工作原理和在投影仪中的主要功能，填入表 6.2.4。

表 6.2.3　投影仪主光路中光学元器件情况表

序号	类型	工作原理	投影仪中功能
1			
2			
3			
……	……	……	……

表 6.2.4　3LCD-X 型合色合光棱镜组成

序号	类型	工作原理	投影仪中功能
1			
2			
3			
……	……	……	……

注：部分型号投影仪的 3LCD-X 型合色合光棱镜通过底面与主光路固定在一起，需要将主光路完整取出后拆卸。

（7）整机回顾：根据拆解过程加深对各部件的了解，画出投影仪中的光路图，并说明各部件的作用。

6.2.3.2　光学引擎分光实验

【实验目的】

（1）通过实验认识复色光的光谱成分。

（2）学习光纤光谱仪的使用方法。

（3）了解分光元器件的分光特性。

【实验器材】

可见光光纤光谱仪及配套笔记本电脑、投影仪光学引擎元器件、集成白光 LED 光源、相机。

【实验内容与步骤】

（1）向实验指导老师借用集成白光 LED 光源及可见光光谱仪。

（2）光源由投影仪主光路入射，肉眼观察主光路不同位置透射光的颜色，并用相机拍照记录,对比不同角度拍摄的图片颜色区别,肉眼观察实物颜色与图片颜色的区别,分析其原因。

(3)用光谱仪测量光路中不同位置透射光的光谱曲线,并记录光谱数据,课后根据光谱数据,学习用电脑软件(Origin,Excel 等)绘制光谱曲线。

(4)课后查询资料,了解不同元器件的功能,学习光谱基本知识,完成实验报告。

特别注意:集成白光 LED 光源亮度很高,严禁眼睛直视,以免造成视力损伤。

6.2.3.3　3LCD-X 型合色合光棱镜合光实验

【实验目的】

(1)通过实验了解 3LCD-X 型合色合光棱镜的工作原理。

(2)观察各色光的合光特性。

【实验材料及仪器】

3LCD-X 型合色合光棱镜、小型白光 LED 光源、相机。

【实验内容与步骤】

(1)用小型白光 LED 光源分别照射 3LCD-X 型合色合光棱镜的三个入射端,观测输出端的输出色光情况,并拍照记录。

(2)用多个小型白光 LED 光源同时照射 3LCD-X 型合色合光棱镜,观测输出端的输出色光情况,并拍照记录。

(3)根据实验情况绘制 3LCD-X 型合色合光棱镜的光路原理图,完成实验报告。

6.2.3.4　偏振消光实验

【实验目的】

(1)通过实验了解偏振消光原理。

(2)认识偏振元器件。

【实验材料及仪器】

3LCD-X 型合色合光棱镜、小型白光 LED 光源、偏振片、相机。

【实验内容与步骤】

(1)用小型白光 LED 光源分别照射 3LCD-X 型合色合光棱镜的三个入射端,观测输出端的输出光情况,并拍照记录。

(2)将偏振片平行置于输出端,旋转偏振片,观测输出端的输出光情况,并拍照记录。

(3)完成实验报告。

注:各实验的实验目的、实验材料及仪器、实验内容与步骤均为参考,感兴趣的同学可自主设计实验,在实验指导老师的帮助下完成实验。

6.2.3.5　三片 HTPS LCD 透射式投影仪的组装

组装复原的过程和步骤与拆卸时相反,可根据拆卸时的记录或照片,按相反顺序或步骤进行。在组装过程中要特别注意接插线的走向和接插位置,随时检查是否有接插线被压在其他器件下。组装过程要按以下步骤进行:

(1)在复原光学引擎盖板前,请实验指导老师检查光学元器件位置及整体光路。检查无误后,复原光学引擎盖板。

(2)复原光学引擎盖板后、复原主电路板前,请实验指导老师检查光学引擎盖板固定螺丝是否安装到位。检查无误后,复原主电路板。

（3）复原主电路板后,请实验指导老师检查接插线的接插是否到位,检查固定螺丝是否安装到位。检查无误后,安装外壳。

（4）安装外壳后,请实验指导老师检查整体组装复原情况。

（5）收拾干净实验台面。

参考文献

[1]马文蔚.物理学发展史上的里程碑[M].南京:江苏科学技术出版社,1992.

[2]George Gamow.物理学发展史[M].高士圻,译.北京:商务印书馆,1981.

[3]蔡履中.光学[M].3 版.北京:科学出版社,2019.

[4]王庆有.光电传感器应用技术[M].1 版.北京:机械工业出版社,2007.

[5]江文杰.光电技术[M].2 版.北京:科学出版社,2014.

[6]吕且妮.工程光学实验教程[M].2 版.北京:机械工业出版社,2018.

[7]杭凌侠.光学工程基础实验[M].北京:国防工业出版社,2011.

[8]方在庆,黄佳.从惠更斯到爱因斯坦——对光本性的不懈探索[J].科学,2015,67(03):30-34+4.

[9]SALAH B EA,TEICH M C. Fundamentals of Photonics[M]. 2nd Edition. New York:John Wiley&Sons,Inc.,2007.

[10]KAO K C, HOCKHAM G A. Dielectric-fibre surface waveguides for optical frequencies[J].Proceedings of the Institution of Electrical Engineers,1966,113(7):1151-1158.

[11]KERDOCK R S, WOLAVER D H. Atlanta fiber system experiment:results of the Atlanta experiment[J]. Bell System Technical Journal,1978,57(06):1857-1879.

附录　书中涉及的相关物理量及单位介绍

附表 1　国际单位制具有专门名称的导出单位

量的名称	单位名称	单位符号	量的名称	单位名称	单位符号
频率	赫[兹]	Hz	磁通量	韦[伯]	Wb
力,重力	牛[顿]	N	磁通量密度,磁感应强度	特[斯拉]	T
压力,压强,应力	帕[斯卡]	Pa	电感	亨[利]	H
能量,功,热	焦[耳]	J	摄氏温度	摄氏度	℃
功率,辐射通量	瓦[特]	W	光通量	流[明]	lm
电荷量	库[仑]	C	光照度	勒[克斯]	lx
电位,电压,电动势	伏[特]	V	[放射性]活度	贝可[勒尔]	Bq
电容	法[拉]	F	吸收剂量,比授[予]能,比释动能	戈[瑞]	Gy
电阻	欧[姆]	Ω			
电导	西[门子]	S	剂量当量	希[沃特]	Sv

附表 2　常用计量单位

量的名称	单位名称	单位符号	量的名称	单位名称	单位符号
时间	分	min	速度(航速)	节	kn
	[小]时	h	质量	吨	t
	天(日)	d		原子质量单位	u
平面角	[角]秒	″	体积	升	L
	[角]分	′	能	电子伏	eV
	度	°	级差	分贝	dB
旋转速度	转每分	r/min	线密度	特[克斯]	tex
长度	海里	n mile	面积	公顷	hm²